电网资产
统一身份编码应用

刘 佳 主 编
杜茗茗 赵宇琪 副主编

中国电力出版社
CHINA ELECTRIC POWER PRESS

内 容 提 要

本书通过对国网重庆电力公司电网资产统一身份编码（简称实物"ID"）三年建设实践总结，详细介绍了实物"ID"的基本概念、信息系统构建、实物"ID"建设内容、关键技术及深化应用研究与实践。

本书分为五章，包括概述、电网实物"ID"基本概念及关键技术介绍、电网实物"ID"建设内容、基于实物"ID"的全过程场景设计思路、实践应用。实践应用是根据全业务场景思路，进行具体业务案例分析，并附有附录标签安装示例。

本书可供从事电网设备运维与检修相关工作人员阅读使用。

图书在版编目（CIP）数据

电网资产统一身份编码应用 / 刘佳主编. —北京：中国电力出版社，2022.1（2022.3 重印）
ISBN 978-7-5198-6348-7

Ⅰ . ①电… Ⅱ . ①刘… Ⅲ . ①电力工业–工业企业管理–资产管理–研究–重庆
Ⅳ . ①F426.61

中国版本图书馆 CIP 数据核字（2022）第 000721 号

出版发行：中国电力出版社
地　　址：北京市东城区北京站西街 19 号（邮政编码 100005）
网　　址：http://www.cepp.sgcc.com.cn
责任编辑：罗　艳（010-63412315，yan-luo@sgcc.com.cn）
责任校对：黄　蓓　常燕昆
装帧设计：张俊霞
责任印制：石　雷

印　　刷：北京天宇星印刷厂
版　　次：2022 年 1 月第一版
印　　次：2022 年 3 月北京第二次印刷
开　　本：710 毫米×1000 毫米　16 开本
印　　张：13.5
字　　数：234 千字
印　　数：2501—3500 册
定　　价：68.00 元

编写工作组

主　　编	刘　佳
副 主 编	杜茗茗　赵宇琪
编写组成员	周孟戈　张午阳　刘超君　曾湘隆　陈　铁
	王平平　王　谦　刘　捷　刘家权　谢　松
	谭　柯　杨蕴华　张隆斌　林　森　陈咏涛
	朱　珠　万凌云　郑元兵　马金花　苑吉河
	唐　击　周　灏　任江波　张云红　袁　伟
	于倩倩　孔飞飞　徐　璐　梁　源　梁文彪

前　言　Preface

电网企业是典型的资产密集型企业。随着我国社会经济的高速发展，电力基础设施建设也逐步加快，大规模的基建、技改等项目投产使资产异动频繁，当前电网企业资产呈现以下特点：年龄结构趋于年轻化，设备资产种类繁多、结构复杂，新兴设备层出不穷，智能化程度不断提高。随着新一轮电力体制改革推进，传统粗放的管理模式呈现诸多弊端，因此，精益化、信息化特点突出，覆盖全业务管理链条和全口径资产类型的管理理念开始得到重视，并逐步应用到日常的生产管理中。

国家电网有限公司借鉴 PAS 55 体系，自 2013 年起试点建设资产全寿命周期管理体系，并于 2014 年进一步融入 ISO 55000 标准后在系统内全面推广。2015年，27 家省公司全面建成覆盖规划计划、采购建设、运维检修、退役报废全过程的资产全寿命周期管理体系，打破了专业间的管理壁垒，强化了部门间的协作和协同，在资产管理各项业务环节中得到较好应用，取得了显著成效。但由于缺乏信息载体，导致资产全寿命周期关键信息难以获取，数据的前后端实时共享存在困难，资产全寿命周期管理"安全、效能、成本综合最优"的目标无法落地。2017 年，国家电网公司在三届二次职代会上明确了"深化资产全寿命周期管理，推进电网资产统一身份编码（简称实物"ID"）建设，推进资产信息共享、数据规范统一"的重点工作，依靠资产终身唯一身份编码贯穿全业务链路，精准归集资产全寿命周期的关键信息，充分发挥数据资产价值，辅助开展智能分析，让数据"说话"。

2018 年以来，国网重庆市电力公司（简称公司）在总部的统一部署和指导下，推广实物"ID"建设和应用工作，以典型设计为指导，开展了相关信息系统改造、存量设备清理，逐步完成了输变配电增量、存量资产赋码贴签，为实物"ID"的广泛应用奠定了基础。国网重庆电力结合实际业务需求，基于实物"ID"开发了一系列辅助基层现场作业的移动应用，如移动运检、一体化验收、智能盘点、移动收发货等 App，极大程度上提升了现场作业效率和基层管理水平；同时积极探索，率先开展基于实物"ID"的仪器仪表、车辆、整站转资等应用研究，进一步拓展实物"ID"覆盖范围和应用领域，以信息化手段促进公司提质增效。未来，公司还将继续以价值创造和管理提升为目标，依托实物"ID"推动电网资产由"设备管理"向"数字管理"、"实物管理"向"价值管理"变革，推动能源革命与数字革命深度融合，实现资产管理的转型升级。

本书共五章，第一章主要介绍了实物"ID"建设的背景，阐述了三个转变的意义；第二章对实物"ID"基本概念进行解释，介绍了实物"ID"应用中的关键技术；第三章主要详述实物"ID"建设内容，包含典型功能设计和覆盖范围；第四章围绕电网业务场景，研究提出了实物"ID"在业务应用、管理提升、辅助决策方面的设计思路；第五章根据全业务场景思路，进行具体业务案例的实践应用。附录为国网公司关于存量设备的实物"ID"标签安装规范。

本书在编写过程中查阅大量文献，多次深入基层走访调研，通过对国网重庆电力电网资产统一身份编码建设和应用情况总结，详细介绍了实物"ID"的基本概念、信息系统构成、实物"ID"建设具体内容、基于实物"ID"的应用实践及相关的关键技术等。本书可作为基层电力工作者实物"ID"建设和应用普及用书，辅助其快速掌握实物"ID"相关知识，也可以此为基础拓宽思路，快速提升实物"ID"实战运用技巧和能力。

受各种客观因素影响，书中的不妥之处还请读者批评指正。此外，写作中参考了大量的文献，附录 A 参考引用国家电网公司电网资产统一身份编码物联网标签安装指导手册，其他未能一一列出，在此也向原作者表示歉意。

编　者

2021 年 10 月

目 录 Contents

第一章

概　　述

第一节　建　设　背　景

一、外部环境变化

近年来，德美等发达国家陆续提出工业 4.0、工业互联网等战略，我国提出"互联网＋"行动计划，实施"中国制造 2025"，国内外新技术应用不断涌现，信息通信技术为传统产业升级和新兴产业发展提供了充足的动力。从国家层面到国家电网公司层面，从"中国制造 2025"指导要求到全球能源互联网的建设都对电网资产管理提出了越来越高的要求。

1. 国家经济建设发展理念

2016 年面向"十三五"开局，中国共产党第十八届中央委员会第五次全体会议公报从国家层面提出了新形势下创新、协调、绿色、开放、共享的经济建设发展理念，明确了去产能、去库存、去杠杆、降成本、补短板五大工作任务。

2. 经济环境方面

宏观经济形势不佳，经济增长速度趋缓，钢铁、建材等重工业开工不足，售电量增速放缓，同时受宏观经济形势影响，国家层面电价政策出台难度较大，地方性电价政策已经基本到位，出台空间有限，国网重庆电力财政收入增速减小，给实物资产运维带来较大压力。

3. 全球能源互联网战略要求

全球能源互联网，是以特高压电网为骨干网架，全球互联的坚强电网，是清洁能源在全球范围大规模开发、配置、利用的基础平台。全球能源互联网的提出，对企业的电网资产管理水平提出了更高的要求。

4. 国家监管方面

国资委在全国范围展开经济增加值考核（Economic Value Added，EVA）考核，对电网企业考核的重点从盈利规模向盈利能力转变；发改委提出电价准许收入，控制电网企业赢利，电价空间受上网电价和销售电价的两头挤压，电网企业经营环境日益恶化。

5. 新一轮电力体制改革方面

2015 年 3 月 15 日，中共中央、国务院印发《关于进一步深化电力体制改革的若干意见》（中发〔2015〕9 号），明确要求配售电业务对社会资本放开，电力公司面临新的局面和挑战，要求提高资产管理水平，提高整体资产的利用率，应对新的电改政策变化。

6. 优化营商环境

2019 年 10 月 23 日，国务院发布《优化营商环境条例》（中华人民共和国国务院令 第 722 号），要求持续优化营商环境，推动建设现代化经济体系。电网公司关系能源安全和国计民生，是服务、保障民生的重要力量。面向新时代，必须坚定以客户为中心，抓重点、补短板，建设现代服务体系，持续优化电力营商环境，提升优质高效的新型供电服务，更好服务人民美好生活需要。

7. "获得电力"的需要

"获得电力"指标是世界银行评测营商环境便利程度的一级指标之一，反映一个企业从申请用电到获得永久电力连接所需的步骤、花费的时间和费用。营商环境是国家软实力和国际竞争力的体现，国家电网公司作为"获得电力"指标的责任单位，应对标国际先进理念和服务做法，全面开展"获得电力"便利化改革，为打造国际一流的营商环境作出重要贡献。

二、内部环境变化

1. 国家电网公司战略目标要求

习近平总书记在十九大报告中指出，发展是解决我国一切问题的基础和关键，发展必须是科学发展，必须坚定不移贯彻创新、协调、绿色、开放、共享的发展理念。国家电网有限公司认真践行新发展理念，提出了建设具有中国特色国际领先的能源互联网企业的战略目标。其中，"中国特色"是根本，走符合国情的电网转型发展和电力体制改革道路；"国际领先"是追求，致力于企业综合竞争力处于全球同行业最先进水平，经营实力领先、核心技术领先、服务品质领先、企业治理领先、绿色能源领先、品牌价值领先，公司软实力和硬实力充分彰显。

2. 公司运营能力提升的需要

近十多年以来的经济高速发展、因配套而密集投入的资产将逐步进入退役报废期、电量增长放缓、公司资产管理工作相对薄弱、对资产整体的技术及经济状况缺乏有效的监控及评价等复杂的内外部环境因素，公司未来资产管理的压力将愈加沉重，加强和提升资产管理水平是公司目前的迫切需求。

（1）企业稳定发展的要求：公司未来发展，需要考虑发改委、物价部门等监管机构对电价监管以及国资委、国网公司对公司效益增长及成本管控的要求，安全管理机构对电网安全生产管理的要求，公司员工职业发展及收入增长的要求。如何综合兼顾多方要求，实现公司经营的稳定发展是未来需重点解决的问题。

（2）历史密集投运资产改造压力：伴随本世纪初经济高速发展而密集投运的资产未来将逐步进入其退役报废期。从主要变电设备（断路器、隔离开关、开关柜、组合电器）分析可知，2003～2019 年为其密集投运高峰年，这预示了潜在的资产风险。一定年限的设备集中退役将需要大量的资本投入和相应的停电计划，前者对资金提出了很高要求，后者将降低输配电系统的可用性，影响供电可靠性。同时清洁能源的不断利用和并网，对电网设备的管理也提出更高的要求。

（3）可靠性继续提升的压力：公司近年狠抓供电可靠性管理，供电可靠性指标已经达到了较高水平，未来需要高位突破，面临压力较大。

（4）提升装备技术和健康水平的压力：公司电网装备总体技术水平不高，老旧设备仍然较多，由设计及制造质量引起的设备家族性缺陷频发，部分设备不符合反事故措施要求，将来设备改造维修压力较大。

3. 电力发展对电网智能化的要求

2016 年 6 月，国家发改委、国家能源局印发的《电力发展“十三五”规划》，提出了升级改造电网，推进智能电网建设要求。随着能源互联网的业务变革，国家电网有限公司电网大规模建设、新能源快速发展，分布式电源、电动汽车与储能等多元化负荷不断涌现和大量接入，电网功能和形态发生了显著变化，呈现出愈加复杂的多源性特征，对电网的安全运行和供电质量带来严峻挑战，迫切需要提前研判并掌握新技术发展趋势，对多元化负荷进行主动监测和优化调控，确保电网有效承载和适应智能电网发展要求。

4. 电网发展对运检专业新的挑战

“十三五”期间，坚强智能电网发展带来电网设备规模快速增长，传统运检方式效率低下，专业运维检修人员配置不足，与快速增长的电网规模矛盾日益突出；同时随着能源互联网推进，与周边国家电网互联互通工程的建设，与传统电网相比，未来电网运行环境也更加复杂多变，电网运行风险概率增加，对电网运检业务带来新的挑战。保障大电网的安全稳定运行，对运维检修提出了更高的要求，需要借助先进的通信、信息技术和控制技术，实现电网运行状态智能监测、故障诊断智能化的目标。

5. 资产管理精益化的需要

2012 年国家电网公司开始了资产全寿命周期管理实践，从 2013 年全面开展了资产全寿命周期管理体系建设，先后经历了资产全寿命周期管理的萌芽型、成熟型、领先型等阶段建设，逐步开展了资产全寿命周期管理体系的常态运行工作，并取得了一定成效。随着管理体系的深入，也迫切需要对管理制度和规范进行固化落地，也是向"卓越型"资产管理标准迈进的必然需求：

（1）跨部门业务协同与信息共享不足。资产在规划设计、采购建设、运行维护、退役报废分属不同部门，职能分段管理模式比较突出。如：项目立项不规范导致项目清册准确度存在问题，影响后续业务的各个环节；项目设计阶段清册编制不准确，转运投资阶段资产价值分摊及转资困难。

（2）资产精益化管理水平有待进一步提升。业务流程采用基于职能部门分工的"条块化""分段式"管理模式，出现不同部门只关注本环节职能而忽视上下环节的管理需求，目前资产全寿命周期体系建设成果已取得一定成效，但尚不足以支撑资产精益化管理要求：延长资产使用寿命，降低固定资产运行维护成本，资产价值来源不明确、决算转资困难、服务管理模式粗放、处置费用和回收价值无法准确归集到单体资产。

（3）资产管理信息标准不一致。受限于职能的分段管理模式，各业务阶段的信息标准均由不同的管理部门按照本专业的管理要求制定，未充分考虑跨专业、跨部门的资产业务流转过程中的信息衔接问题，无法适应资产全寿命全信息管理要求。如：资产分类、物料主数据分类、项目分类、设备类型主数据分类都相对独立，分类数据不统一并未建立明确的关联关系，导致资产管理的相关数据应用难以执行。

（4）信息无法满足资产全寿命决策的需要。虽然企业积累了大量的数据，但由于数据质量不高、关联性差、颗粒度不够等诸多原因，无法对资产投资决策形成有效支撑。同时对资产的整体状况（资产的运行状况及资产的经济数据）缺乏实时信息及有效监控，对资产管理风险没有定量的数据分析，难以预测维护资产所对应的资金压力以及对公司运营的经济影响。

第二节 建 设 意 义

一、推进"信息孤岛"向"数据贯通"的转变

推进电网企业资产信息从"信息孤岛"向"数据贯通"转变，该创新模式着眼于打破原资产全寿命周期中规划设计、物资采购、工程建设、运行维护、退役处置各环节、各专业在各自业务系统中均存在独立编码规则的现状。专业编码有着特定的专业含义，不能作为贯穿各环节的统一身份标识，造成资产全寿命信息难以追溯，各专业之间无法进行有效的数据沟通，基于全寿命周期的整体管理无法协调等困难。通过实物"ID"固化项目、物料、设备、资产间的分类关系，以实物资产为核心，以实物"ID"为纽带，实现电网企业资产在资产全寿命周期各阶段管理中的项目编码、工作结构分解（Work Breakdown Structure，WBS）编码、物料编码、采购订单编码、设备编码、调度编码、资产编码、废旧物资编码等各类专业编码的多码贯通，建立实物"ID"与专业"多码"的及时联动，实现跨专业环节的穿透，转变传统各专业环节独立运作的"孤岛式"管理理念，有效开展全寿命周期内的信息共享与追溯，达到各专业数据共享互通，各环节管理整体协调的目的。

二、推进"分时异步"向"即时同步"的转变

目前，传统的作业模式仍采用现场纸质记录和事后线上录入的方式在各专业系统内分别录入信息和数据，使得现场"一手"数据无法及时获得，并且存在人为干预数据的风险，数据和信息的时效性和准确性无法保证。基于实物"ID"的管理的核心理念之一，就是借助"云大物移智"等新兴信息技术，实现资产全过程信息的实时采集和自动生成。以实物"ID"物联网标签为中间媒介，及时"穿透"现场与系统两个异维空间，打破原有系统和现场在时空上不同步的格局，从而让现场数据和信息能在"第一时间""第一地点"被系统直接、准确感知，免去了人工抄录数据的烦琐流程，同时也有效减少了数据和信息的传递环节，使得数据和信息的时效性和准确性都得到大幅提高。另一方面，实物"ID"作为设备终身唯一身份编码，其背后所承载的数据和信息随着实物"ID"贯穿于设备全寿命始终，因此可以对设备的全过程履历进行记录，并且有着"一次录入，终身适用"的优点。

三、推进"粗放定性"向"精益定量"的转变

数据分析是资产管理评估活动中一个必不可少的环节,为电网规划、投资等决策起到了重要作用。以往由于缺乏有效采集手段、数据链路割裂,各专业数据无法共享,导致一部分数据重复、错误、不完整,无法有效支撑数学模型计算,无法准确辅助管理决策,导致在管理中,只能采用"粗放定性"的"主观经验式"判断。以资产全寿命多码贯通数据为基础,通过实物"ID"与各专业系统进行实时数据交互,在不同应用场景下获取并展示全寿命周期综合信息及其生命历程,有利于准确掌控资产信息。借助大数据分析手段和先进 AI 算法,建立精确的数学模型,通过边缘计算或云计算,对规划调研、物资采购、设备状态等过程开展量化评估,实现决策研判方式从"粗放定性"到"精益定量"的转变,满足精益化、智能化管理需求。

第三节 主 要 内 容

本书主要展现了国网重庆电力自 2018 年开展实物"ID"建设以来所取得的建设成果,涵盖了实物"ID"通用设计功能、增存量设备赋码贴签、存量设备数据追溯、公司自主研究课题、基于实物"ID"的深化应用研究与实践及对未来的业务应用构想。

第一章从电网企业所面临经济环境、国家监管要求、电力体制改革、营商环境要求及"获得电力"需要等外部环境以及公司战略方面介绍了实物"ID"建设的背景,阐述了实物"ID"建设三个转变的意义。

第二章对实物"ID"以及其相关延伸概念进行解释,同时介绍了实物"ID"应用中的"大云物移智"关键技术和其在电力行业的应用方向。

第三章介绍了实物"ID"的建设内容,包括实物"ID"在各专业的覆盖范围、增量设备全流程贯通等。

第四章研究了基于实物"ID"的全过程场景设计思路,提出各专业基于实物"ID"的业务应用、管理提升、辅助决策方面的场景应用。

第五章主要讲述了财务专业、建设专业、物资专业、设备专业基于实物"ID"全过程场景思路做出的一些实践探索,详述了这些项目的建设内容、相关功能以及其应用成效等。

电网实物"ID"基本概念及关键技术介绍

本章主要介绍实物"ID"以及对其相关延伸扩展的一些基本概念，同时对在实物"ID"建设过程的使用到的"云大物移智"技术进行简介，同时针对"云大物移智"在电网业务中的应用方向进行描述。

第一节 基 本 概 念

一、实物"ID"

电网企业为了实现资产管理过程中项目编码、WBS 编码、物料编码、设备编码和资产编码等多码联动和信息贯通，提升电网资产全寿命周期管理水平，而引入的资产实物标识编码，是电网资产的终身唯一的身份编码。实物"ID"关联数据示意图见图 2-1。

电网资产实物"ID"由 24 位十进制数据组成，代码结构由公司代码段、识别码、流水号和校验码四部分构成，实物"ID"编码示意图见图 2-2。

根据电网资产不同的物理特性、安装环境等因素，实物"ID"标签选用二维码、无线射频识别（Radio Frequency Identification，RFID）标签作为载体（增量设备采用二维码铭牌一体化标签），见图 2-3。考虑标签数据读取及业务应用便利性，部分设备可以选用主、副标签方式（主标签在设备本体上，副标签可安装在方便业务应用地方，主副标签实物"ID"编码务必一致，副标签可根据需要灵活选用）。

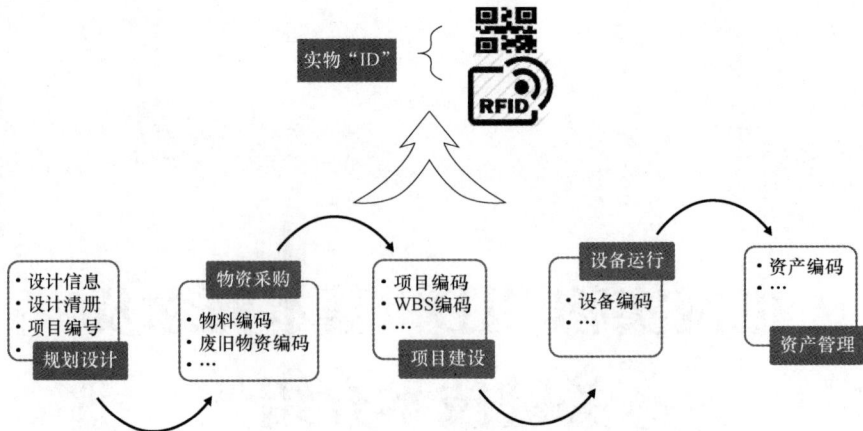

图 2-1 实物"ID"关联数据示意图

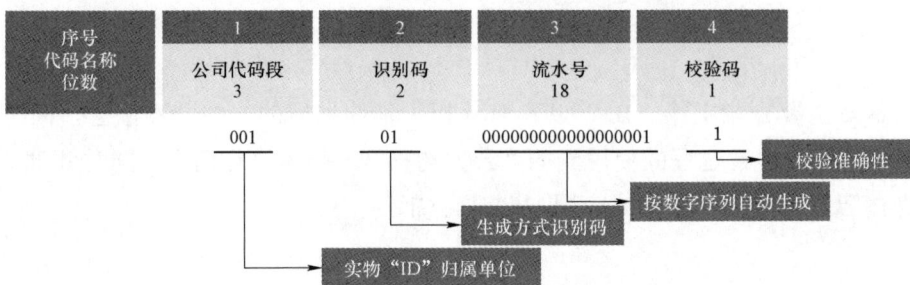

图 2-2 实物"ID"编码示意图

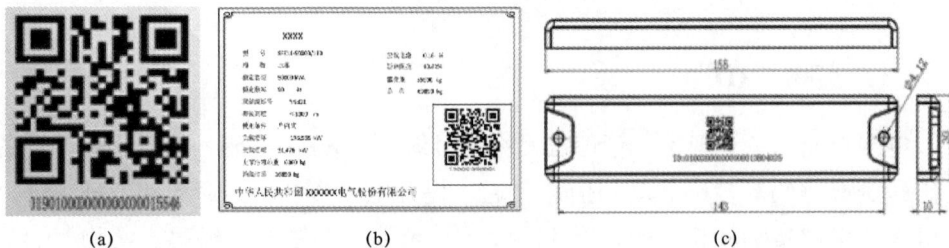

| (a) | (b) | (c) |

图 2-3 载体

（a）二维码标签；（b）二维码铭牌一体化标签；（c）RFID 标签

二、增、存量设备

存量设备是指在物资采购阶段未生成实物"ID"的设备，包括在役设备、备品备件、捐赠设备等；对于输电线路等在工程建设环节由材料、零部件等组合安装后形成的电网资产，视为存量设备；国家电网公司规定存量设备选用 RFID 标签。与之对应增量设备指在物资采购阶段即生成实物"ID"的设备，国家电网公司规定增量设备由供应商安装二维码铭牌一体化标签，同时安装 RFID 标签。存量资产设备实物"ID"标签和增量资产设备实物"ID"标签见图 2-4 和图 2-5。

图 2-4　存量资产设备实物"ID"标签　　　图 2-5　增量资产设备实物"ID"标签

三、ERP系统

企业资源计划即 ERP（Enterprise Resource Planning），由美国 Gartner Group 公司于 1990 年提出。企业资源计划是 MRPII（企业制造资源计划）下一代的制造业系统和资源计划软件。除了 MRPII 已有的生产资源计划、制造、财务、销售、采购等功能外，还有质量管理，实验室管理，业务流程管理，产品数据管理，存货、分销与运输管理，人力资源管理和定期报告系统。目前，在我国 ERP 所代表的含义已经被扩大，用于企业的各类软件，已经统统被纳入 ERP 的范畴。它跳出了传统企业边界，从供应链范围去优化企业的资源，是基于网络经济时代的新一代信息系统。它主要用于改善企业业务流程以提高企业核心竞争力。

四、PMS系统

设备（资产）运维精益管理系统（Power Production Management System，PMS），为适应"大检修"体系建设要求，国网重庆电力在 PMS 1.0 的基础上，建设以设备管理、资产管理和地理信息系统（Geographic Information System，GIS）为核心的企业级设备（资产）运维精益管理系统，实现全公司统一平台、全业务上线和全流程固化。提升的主要内容：一是建立物资、设备、资产联动机制，实现从设备管理向资产管理的转变；二是建立图形、拓扑、设备台账一体化模型，实现从设备管理向电网管理的转变；三是构建配网故障抢修管理平台，贯通营销、运检、调度业务流程，提高优质服务水平；四是按照数据在业务流程中产生原则，推进数据共享和业务协同，消除数据重复录入，实现数据源端维护、全局共享。

五、微服务

微服务是一种开发软件的架构和组织方法，其中软件由通过明确定义的应用程序接口（Application Programming Interface，API）进行通信的小型独立服务组成。这些服务由各个小型独立团队负责。微服务架构使应用程序更易于扩展和更快地开发，从而加速创新并缩短新功能的上市时间。通过整体式架构，所有进程紧密耦合，并可作为单项服务运行。这意味着，如果应用程序的一个进程遇到需求峰值，则必须扩展整个架构。随着代码库的增长，添加或改进整体式应用程序的功能变得更加复杂。这种复杂性限制了试验的可行性，并使实施新概念变得困难。整体式架构增加了应用程序可用性的风险，因为许多依赖且紧密耦合的进程会扩大单个进程故障的影响。使用微服务架构，将应用程序构建为独立的组件，并将每个应用程序进程作为一项服务运行。这些服务使用轻量级 API 通过明确定义的接口进行通信。这些服务是围绕业务功能构建的，每项服务执行一项功能。由于它们是独立运行的，因此可以针对各项服务进行更新、部署和扩展，以满足对应用程序特定功能的需求。

第二节　关键技术简介

一、大数据

1. 大数据技术简介

随着智能电网的建设与发展，电网设备状态监测、生产管理、运行调度、环境气象等数据逐步在统一的信息平台上的集成共享，推动电网设备状态评价、诊断和预测向基于全景状态的综合分析方向发展。然而，影响电网设备运行状态的因素众多，爆发式增长的状态监测数据加上与设备的状态密切相关的电网运行，电网设备状态数据具备典型大数据特征，传统的数据处理和分析技术无法满足要求，主要体现在：

（1）数据来源多。数据分散于各业务应用系统，主要来源包括输变电状态监测系统、PMS 2.0 系统、调度系统等，各系统相对独立、分散部署，数据模型、格式和接口各不相同。

（2）数据体量大、增长快。电网设备类型多、数量庞大，与设备状态密切相关的智能巡检、在线监测、带电检测等设备状态信息以及电网运行、环境气象等信息数据量巨大且飞速增长。

（3）数据类型异构多样。电网设备状态信息除了通常的结构化数据以外，还包括大量非结构化数据和半结构化数据，如红外图像、视频、局部放电图谱、检测波形、试验报告文本等，各类数据的采集频率和生命周期各不相同。

（4）数据关联复杂。各类设备状态互相影响，在时间和空间上存在着复杂的关联关系。

（5）数据质量有待提升。台账信息、在线监测、运行检修、故障缺陷以及环境气象等数据在采集传输过程中，由于监测装置状况、通道状况、系统运行、硬件平台、省市转发、人为因素等环节出错，均会影响数据质量，当前数据质量问题的监测发现自动化程度不够，基本依赖人工进行问题定位，然后逐条修正，效率低下且极易再次人为出错。

这种背景下，面向数据挖掘、机器学习和知识发现的大数据分析和处理技术得到广泛的关注，成为推动行业技术进步和科学发展的重要手段。电力行业大数据的应用涉及整个电力系统在大数据时代下发展理念、管理体制和技术路线等方面的重大变革，是新一代电力系统在大数据时代下价值形态的跃升。近年来，电网大数据基础技术及其应用的研究逐步开展，并在智能配用电、电力系统仿真、电网安全分析、电力负荷预测等方面取得一定的成效。为了更好地掌握电网设备运行状态，提高设备运行风险管控水平，国家科技部、国家自然科学基金、国家电网和南方电网等，2015 年以来，陆续开展了大数据分析技术在电网设备状态评估中的研究和应用，取得了阶段性的研究进展。

2. 大数据技术应用方向

智能运检的大数据分析主要是指利用日渐完善的电网信息化平台获取大量设备状态、电网运行和环境气象等设备状态相关信息，基于统计、机器学习等大数据分析方法进行融合和深度挖掘，从数据内在规律研究的角度发掘出设备状态评估、诊断和预测的潜在有效价值，建立多源数据驱动的设备状态评估模型，实现设备个性化的状态评价、异常状态的快速检测、状态变化的准确预测以及故障的智能诊断，全面、及时、准确地掌握设备健康状态，为设备智能运检和电网优化运行提供辅助决策依据。

电网设备状态大数据分析是传统数据挖掘技术的提升和变革，核心优势是从全量数据中提取客观规律，不需要建立复杂的物理数学模型，主要体现在：

（1）从数据分析的角度揭示电网设备状态、电网运行和气象环境参量之间的关联关系和内在变化规律，捕捉设备早期故障的先兆信息，追溯故障发展过程，预测故障发生的概率，从而及时发现、快速诊断和消除故障隐患，保障电网设备运行安全。

（2）利用多维统计分析、机器学习等方法获得不同条件、不同维度电网设备状态变化的个性化规律，实现多维度、差异化的全方位分析，大幅提高电网设备状态评价和预测的准确性。

（3）推动信息技术与设备运维检修的深度融合，实现多源海量数据的快速分析、主动预测预警和故障智能研判，提升设备状态评估的效率和智能化水平。

二、云计算

1. 云计算技术简介

大数据针对的是"数据"，关心的是对数据的处理，从数据中挖掘出所需的信息，来更好地指导企业的发展。而云计算着重于"计算"，关心的是数据的处理能力。大数据与云计算的区别在于：一是目的不同，大数据的目的是充分挖掘海量数据中的信息，以发现数据中的价值；云计算的目的是通过互联网更好地调用、扩展和管理及存储方面的资源和能力以节省企业的计算能力部署成本；二是对象不同，大数据的处理对象是数据；云计算的处理对象是 IT 资源、处理能力和应用；三是推动力量不同，大数据的推动力量是从事数据存储与处理的软件厂商和拥有大量数据的企业；云计算的推动力量是 IT 设备厂商以及拥有计算和存储资源的企业；四是带来的价值不同，大数据能发现数据中的价值，从而带来收益；云计算则节省了 IT 部署成本。其与大数据的关系对比如表 2-1 所示。

表 2-1 　　　　　　　　　大数据与云计算关系对比

关系		大数据	云计算
相同点		相互依赖，为实现数据的最大价值服务；需要大量的资源	
差异	背景	具有价值的数据不能被有效的处理	互联网技术在实际应用中的不断发展
	目的	实现数据资源利用率的最大化	实现硬件设备利用率的最大化
	对象	数据	IT 资源、能力和应用
	价值	发现数据中的价值	节省 IT 部署成本

如果说大数据是一座蕴含巨大价值的宝藏，云计算则可以被看作是挖掘的得力工具，即云计算为大数据提供了有力的工具和途径，大数据为云计算提供了有价值的用武之地。云计算能为大数据提供强大的存储和计算能力，以及更高速的数据处理，更方便地提供服务；而来自大数据的业务需求，则为云计算的落地找到更多更好的实际应用，大数据若与云计算相结合，将相得益彰，互

相都能发挥最大的优势。

由于大数据中的云计算平台能够存储大量的数据且其计算方式的优势，使得其在对电网设备进行评估的过程中能够满足对数据存储的需求及数据处理的要求，保证了对电气设备进行评估的高准确性和及时性，实现生产指挥的高效与集约。

2. 云计算技术应用方向

我国电网正快速演变为汇聚多维度海量异构数据与多类型庞大复杂计算的系统，并在电力的发、输、变、配、用等领域表现出不同的特点。在输变电领域，一方面，特高压电网的大规模建设使得电网企业对供电可靠性、安全性、经济性等方面的要求越来越高；另一方面，设备状态监测所涉及的设备越来越多、监测项目越来越广、监测数据越来越多样化，产生了大量的多源异构设备状态监测数据，如红外图像、视频监控、超声（特高频）指纹、分解物组分等。另外，经过多年运行积累，国家电网拥有海量的设备、电网、环境等历史数据，涵盖了设备从出厂、采购、投运、运行、试验、检修到报废整个生命周期中留下的不同信息，这些庞大的数据已逐渐形成输变电设备状态大数据。

输变电设备状态大数据构成复杂，从数据结构上分为结构化数据和非结构化数据，这些大数据的复杂需求对技术实现和底层计算资源提出了高要求，因此，如何对输变电设备状态大数据进行有效管理、分析，使之服务于电网公司，提高电网的供电可靠性，是电网运检业务发展的新方向。

现代信息处理中的云计算技术具备弹性伸缩、动态调配、资源虚拟化、支持多租户、支持按量计费或按需使用以及绿色节能等基本要素，正好契合了新型大数据处理技术的需求，也正在成为解决大数据问题的未来计算技术发展的重要方向。

三、物联网

1. 物联网技术简介

物联网由 MIT 的 KevinAshton 在 1998 年首次提出，他指出将 RFID 技术和其他传感器技术应用到日常物品中构造一个物联网。紧接着的第二年由 Kevin Ashton 带头建立的 Auto-IDcenter 对物联网的应用进行了更为清晰的描述：通过射频识别（RFID）（RFID＋互联网）、红外感应器、全球定位系统、激光扫描器、气体感应器等信息传感设备，按约定的协议，把任何物品与互联网连接起来，进行信息交换和通信，以实现智能化识别、定位、跟踪、监控和管理的一种网络。简而言之，物联网就是"物物相连的互联网"。

作为新一代信息通信技术，物联网引发了广泛关注，并已被纳入国家战略，物联网被看作是信息领域一次重大的发展、变革和机遇，目前，物联网已经在公共服务、物流零售、智能交通、安全、家居生活、环境监控、医疗护理、航空航天等多行业多领域得到应用，涵盖了工业、环境和社会的各个方向。物联网技术在智能电网中具有广阔的应用空间，能够全方位的提高智能电网发、输、变、配、用等各个环节的信息感知深度和广度，实现智能电网的"信息化"和"智能化"。

2. 物联网技术应用方向

电力物联网是一个实现电网基础设施、人员及所在环境识别、感知、互联与控制的网络系统。其实质是实现各种信息传感设备与通信信息资源的（互联网、电信网甚至电力通信专网）结合，从而形成具有自我标识、感知和智能处理的物理实体，实体之间的协同和互动，使得有关物体相互感知和反馈控制，形成一个更加智能的电力生产、生活体系。

智能电网通过在物理电网中引入先进的感知与识别技术、通信技术、智能信息处理技术和其他信息技术，可以将发电厂、高压输电网、中低压配电网、用户等传统电网中层级清晰的个体，无缝地整合在一起，使用户之间、用户与电网企业之间实时地交换数据，这将大大提高电网运行的可靠性与综合效率。

物联网作为通信、信息、传感、自动化等技术的融合，具有全面感知、可靠传递和智能处理的特征。全面感知就是让物品会说话，将物品信息进行识别，利用 RFID、传感器、二维码等能够随时随地采集物体的动态信息，并通过网络传输后台，进行信息共享和管理。可靠传递指信息通过现有的通信网络资源进行实时可靠传输。智能处理就是通过后台的庞大系统来进行智能分析和管理。真正达到人与物的沟通、物与物的沟通。物联网技术在智能运检中的应用方向可概括以下三点：

（1）状态感知通过射频识别（RFID）、二维码、传感器等感知、捕获、测量技术对物体进行实时信息收集和获取。

（2）信息互联先将物体接入信息网络，再借助各种通信网络（如因特网等），可靠地进行信息实时通信和共享。

（3）智能融合通过各种智能计算技术，对获取的海量数据信息进行分析和处理，从而实现智能化决策和控制。

四、移动互联网

1. 移动互联技术介绍

设备巡视、检修、维护、增容扩建现场管理等工作模式多是工作人员携带图表到现场查询，用图表记录巡检、检修、试验信息、设备运行状况及设备缺陷，回到班组后再将现场作业信息的结果录入到 PMS 2.0 系统中或以纸质文档保存。随着电网设备数量的增加和规模的扩大，巡检环境也更加复杂，已有的传统巡检方式面临着巡检操作过于依赖巡检人员的经验与状态、纸笔记录对环境要求较高、巡检的真实性依赖于巡检人员自觉、巡检数据不易于保存与查阅、不能对人员设备实行信息化管理等问题。因此，这种传统的工作方式很容易出现诸如漏巡、漏记、补记、不按时或定时巡检和修试、不按章理巡视、检修和试验、纸质图表较难维护更新带来数据的准确性无法保证等诸多不足与人为失误因素。

随着 4G/5G 移动通信网络以及移动终端技术的迅猛发展，特别是移动上网、数据业务等功能的普及，供电企业开始采用移动应用作为企业信息化的扩展。建立基于移动网络的数据传输和数据安全机制，将电网运检信息实时无线同步到移动终端，实现数据共享互动和移动多元化应用，改变了传统通过现场人工记录数据并录入系统的工作。

基于移动互联技术可以建设一套先进、科学、可操作性强的现场移动作业系统，包括采用现代物联网、移动互联和图像识别、移动视频等技术，形成更加完善的运维检修远程技术支撑平台，使生产运维工作规范化、流程化、电子化、远程化，改变因地理距离扩大带来的传统运检工作中效率低下和烦琐的现状。

2. 移动互联技术的应用方向

随着网络和技术朝着越来越宽带化的方向的发展，移动通信产业将走向真正的移动信息时代。随着集成电路技术的飞速发展，移动终端的处理能力已经拥有了强大的处理能力，移动终端正在从简单的通话工具变为一个综合信息处理平台。这也给移动终端增加了更加宽广的发展空间。

随着国家电网集约化转型升级，以及移动终端技术的逐步成熟，在需求与技术的双重驱动下，移动终端在电网企业日常运营，特别是智能运检技术中具有极高的应用价值。基于移动终端技术建立现场移动作业平台，可以统一规范各单位巡视、检修、高压试验、继电保护等专业现场作业。

通过移动终端技术可以提高国家电网公司内部沟通效率，减少重复的管理成本，提高电网和设备可靠性，提升企业形象和市场竞争力。利用移动作业终端，建立集中的现场作业数据平台，可以加强对作业结果的分析，大幅提高现场安全管控水平和管理决策水平。同时，标准化移动作业是从传统的设备检修方法向设备状态检修发展的不可或缺的支撑保障，也是保证电网设备评级和状态检修制度切实可行和有效实施的有效手段。主要应用方向体现如下：

（1）智能化。智能移动终端能提供标准化的作业流程和规范，为操作人员提供智能指导、智能判断、智能统计、智能分析的辅助作用。

（2）互联网化。随着电力专用网络的推广和普及，移动智能运检作业一定是基于互联网的，互联网化的移动作业终端能进一步加快精益化管理目标的实现。

（3）平台化。移动智能运检方式一定以智能装备为基础，形成一套由移动作业终端、站内机器人和设备传感器多种方式相结合的平台化体系，多种运检方式将长期并存和互补。

五、人工智能

1. 人工智能技术简介

人工智能（Artificial Intelligence，AI）作为一门前沿和交叉学科。《MIT 认知科学百科全书》中定义"人工智能既是一种涉及智能机器建造的工程学科，又是一种涉及人类智能计算建模的经验学科"。国际人工智能协会（AAAI）将人工智能定义为"科学地理解思维和智能行为的机制，并将其赋予给机器"。在目前流行的 AI 教科书中对人工智能的定义是"智能主要与理性行为相关，要采取一个环境中最好的可能行为，智能体要像人一样合理地思考、合理地行动"。经过 60 多年的演进，大数据驱动知识学习、跨媒体协同处理、人机协同增强智能、群体集成智能、自主智能系统等已成为新一代人工智能的发展重点，其特点如下：

高动态、高维度、多模式分布式大场景跨媒体感知。目前的研究重点包括超越人类视觉能力的感知获取、面向真实世界的主动视觉感知及计算、自然声学场景的听知觉感知及计算、自然交互环境的言语感知及计算、面向异步序列的类人感知及计算、面向媒体智能感知的自主学习、城市全维度智能感知推理引擎等技术。低成本低能耗智能感知、复杂场景主动感知、自然环境听觉与语言感知、多媒体自主学习等理论将成为未来研究趋势。

持续增量自动获取知识，具备概念识别、实体发现、属性预测、知识演化建模能力。目前的研究重点包括知识计算和可视化交互引擎、研究创新设计、数字创意和以可视媒体为核心的商业智能等知识服务技术。基于知识加工、深度搜索和可交互核心技术形成涵盖数十亿实体规模的多源、多学科和多数据类型的跨媒体知识图谱将成为未来研究趋势。

学习与思考接近或超过人类智能水平的混合增强智能。目前的研究重点包括"人在回路"的混合增强智能、人机智能共生的行为增强与脑机协同、复杂数据和任务的混合增强智能学习方法、云机器人协同计算方法、真实世界环境下的情境理解及人机群组协同等技术。基于人机协同共融的情境理解与决策学习、机器直觉推理与因果模型、联想记忆模型与知识演化等理论，形成环境自适应、知识自学习及精确结果预判的强人机协作模式将成为未来研究趋势。

跨媒体知识表征、分析、挖掘、推理、演化和利用。目前的研究重点包括跨媒体统一表征、知识图谱构建与学习、智能生成等技术。基于关联理解与知识挖掘、知识演化与推理等技术完成互联网多模态数据信息统一表征、实体关联关系分析及潜在信息挖掘的智能模式将成为未来研究趋势。

多风格、多语言、多领域的自然语言智能理解和自动生成。目前的研究重点包括短文本的语义计算与分析、跨语言文本挖掘技术和面向机器认知智能的语义理解、多媒体信息理解的人机对话系统等技术。基于自然语言的语法逻辑、字符概念表征和深度语义分析的核心技术推进人类与机器的有效沟通和自由交互，形成多语言统一表征，文字、语音、图像等多媒体同维度语义表示、多轮对话语义记忆以及目的性自然语言生成等能力将成为未来研究趋势。

人工智能是当前最具颠覆性的技术之一，各国政府、研究机构和企业已积极行动，制定技术战略、密切跟踪最新技术发展，当前，人工智能加速发展，已经具备在各领域落地应用的条件。党中央、国务院高度重视人工智能技术的发展，将其上升为国家战略，2017年7月，国务院印发《新一代人工智能发展规划》。国家科技部公布首批人工智能开放创新平台，推进人工智能创新和规模化应用，促进人工智能与实体经济深度融合。人工智能技术作为新一轮产业变革的核心驱动力、经济发展的新引擎，将带动各行业形成智能化新需求，催生一大批智能化新技术、新产品、新产业，推动社会从数字化、网络化向智能化飞跃。

2. 人工智能技术的应用方向

智能电网的发展，也为人工智能技术应用提供了广阔的平台，2017年8月，国家电网公司启动人工智能相关工作，形成《人工智能专项规划》。基于数据驱动的电力人工智能技术将发挥越来越重要的作用，并将成为电网发展的重要战略方向和电网智能化发展的必然解决方案。人工智能技术是助力新一代电力系统建设的重要支撑，是推动电网管理方式创新的重要引擎，人工智能技术在电网建设、经营、决策、管理等领域中具有广阔的应用前景，将对提高大电网驾驭能力、保障能源安全，更好地服务经济社会发展发挥积极作用。新一代人工智能的发展将推动电网的生产方式变革，提升大电网生产运行水平，促进公司瘦身健体、提质增效，提升业务创新能力。

人工智能可有效提升驾驭复杂电网的能力，如基于人工智能的新一代电网仿真技术将基于环境识别、复杂内外部条件认知，以数据为基础，自动提取电网稳定特征，实现对电网运行方式稳定性和措施有效性的快速判断；利用人工智能技术实现新能源发电波动、电网运行状态、用户负荷特性和储能资源的整体预知，提高新能源消纳水平和源、网、荷、储的实时交互协同。

为电网庞大资产的管理带来全新的手段甚至根本性创新。面对数量庞大的电网基础设施和设备，靠人工已经难以完成运维检修任务，而且存在安全风险。未来将大量利用实体化的人工智能载体，如机器人、无人机等对输电线路和电网关键设备进行巡检，并结合卫星遥感、雷达等数据基于人工智能技术对线路和设备的状态进行综合分析。人工智能在提高劳动生产力的同时，将带来管理方式和行为伦理上的变革。

电网未来将以数据为核心，数据将成为公司最核心的资产之一，未来电网对人工智能的终极应用是对数据的处理，实现数据-信息-知识-决策的价值实现。

第三章

电网实物"ID"建设内容

本章主要讲述了重庆公司的实物"ID"建设工作。一是详细列举目前实物"ID"的覆盖设备类型范围；二是对国家电网公司典型设计（简称典型设计）功能进行详述，讲述增量设备全流程贯通应用过程。

第一节 实物"ID"覆盖范围

（1）站内交流设备：主变压器、断路器、组合电器、隔离开关、电流互感器、电压互感器、电抗器、电力电容器、耦合电容器、接地变压器、站用变压器、开关柜、避雷器、消弧装置、充气柜、高压熔断器、消防系统（主变灭火装置）、串联补偿装置、母线、避雷针、接地网、穿墙套管、接地电阻、站内电缆、隔直装置、交直流电源及站用电系统、直流电源系统、交流电源系统（站用电系统）、交直流一体化电源系统共计29类。

（2）站内换流设备：换流变压器、油浸式平波电抗器、干式平波电抗器、晶闸管换流阀、IGBT换流阀、阀内冷水系统、阀外水冷系统、阀外风冷系统、阀厅空调、直流断路器、IGBT类型直流断路器、直流隔离开关、直流接地开关、阀厅接地开关、直流分压器、光电流互感器、零磁通电流互感器、直流穿墙套管、直流滤波器、交流滤波器、直流避雷器、直流电容器、直流电抗器、直流调谐装置、直流PLC调谐装置、换流变压器进线PLC电抗器、换流变压器进线PLC电容器、接地极、调相机本体、调相机电压互感器、调相机避雷器、调相机中性点接地变压器、调相机中性点接地开关、调相机SFC机端隔离开关、调相机励磁变压器、调相机升压变压器、调相机进线断路器、调相机升压变压器避雷器、调相机除盐水系统、调相机 SFC 系统、调相机润滑油系统、调相机定子冷却水系统、调相机转子冷却水系统、调相机励磁系统、调相机封闭母线共计 45 类设备。

（3）输电设备：架空线路、物理（运行）杆塔、电缆段、电缆终端、电缆接头、电缆接地箱、电缆分支箱、交叉互联箱、避雷器共计 9 类设备。

（4）配电设备：配电变压器、环网柜、柱上开关、电缆分支箱、中压电杆共计 5 类设备。

（5）辅助设备：生产辅助设备 12 大类 29 小类，含消防系统（全站消防）、视频监控系统、辅助设施集成控制系统、防盗报警装置、防误闭锁装置、安全警卫系统、排水系统、工业水生活水系统、工业电视及广播系统、空调装置、照明系统、房屋土建设施（主控楼、调度楼、检修楼、办公楼、变电室、配电装控室、母线室、蓄电池室、通风机房、变压器检修间、继电保护室、电能表室、配电所、消防室、水泵室、门卫室、场地、围墙）。

（6）信息设备：主机设备（PC 服务器、刀片机、小型机、工控机、专用服务器）、存储设备（磁盘阵列、磁带库、光盘库）、网络设备（路由器、交换机、负载均衡器、集线器、无线接入设备、协议转换器、存储光纤交换机、网络电路）、安全设备（防火墙、入侵监测装置、入侵防御设备、流量监测设备、漏洞扫描设备、VPN 设备、网络隔离设备、其他安全设备）、辅助设备（UPS、蓄电池）5 大类 26 小类设备。

（7）保护设备：继电保护设备、安全自动装置、动态记录装置、故障信息子站、操作箱、电压切换箱、收发信机、光电转换装置、光纤通信接口装置、合并单元、智能终端、合智一体装置、过程层交换机 13 类设备。

（8）仪器仪表：变送器校验仪、交流采样检定装置、交直流校表仪、测厚仪、测距仪、干燥箱、工频电磁场强度测试仪、经纬仪、噪声测试仪、红外成像式 SF_6 气体检漏仪、闭口闪点仪、电导率测试仪、绝缘油介电强度测定仪、氢气发生器、酸值测定仪、微水测量仪、油介损及体积电阻率测定仪、密度继电器校验仪、气体继电器校验装置、压力表校验装备、SDH 综合测试仪、光时域反射仪、光衰减器、光纤识别器、红外热像仪、振荡器、气相色谱仪、网络分析仪、红外测温仪等共计 208 类设备。

（9）通信设备：SDH、OTN、机动应急通信系统、电视电话会议系统、同步设备、通信电源设备、通信网管设备、工业以太网交换机、EPON（OLT）、GPON（OLT）、电力无线专网设备。

（10）生产车辆：生产普通车辆、生产管理车辆、生产特种车辆等。

（11）后勤设备：房产资源、土地资源、楼宇设备、办公物资、服务设备、公务用车。

第二节　全流程贯通应用

基于信息化建设设计先行的原则，国家电网公司完成电网资产统一身份编码应用信息系统典设工作，从信息化系统支撑的角度，对相关业务支撑信息系统进行功能改造设计，指导各单位开展相关信息系统改造工作，后续随着实物"ID"应用的深化将逐步完善典设方案。

一、设计思路

以实物"ID"为索引，贯通电网实物资产信息在规划设计、物资采购、工程建设、运行维护、退役处置等各业务环节的信息，提高基于数据的电网资产精益化管理水平，服务和支撑资产全寿命周期管理深化建设。设计思路的业务逻辑如图3-1所示。

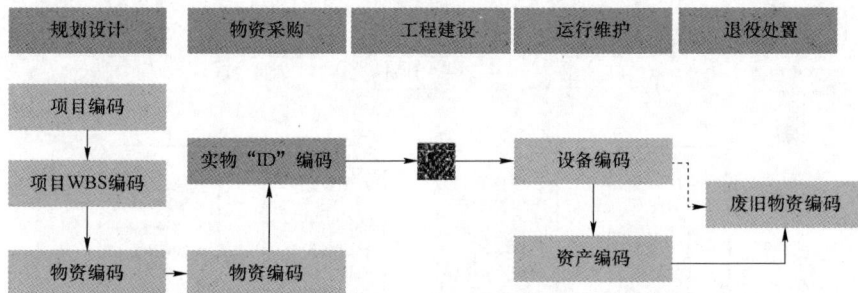

图3-1　实物"ID"贯通业务逻辑示意图

1. 规划设计阶段

项目建设单位完成项目储备和立项生成项目编码，根据项目定义挂接标准WBS结构；项目建设单位基于项目WBS提报设备材料清册，初步建立项目编码、WBS编码、物料编码及设备资产分类的对应关系。

2. 物资采购阶段

物资部门根据设备材料清册提报，完成采购申请、招标、采购订单及合同管理等业务；在合同生效环节，生成实物"ID"，实现项目编码、WBS编码、物料编码与实物"ID"的关联。

3. 工程建设阶段

对设备参数信息进行验收审核，确立物料编码、实物"ID"与设备资产分类之间的关系。

4. 运行维护阶段

PMS 根据包含实物"ID"信息的设备转资清册创建设备台账，并将设备主数据信息同步至 ERP，ERP 自动创建设备台账，联动创建固定资产卡片，实现多码联动。

5. 退役处置阶段

在设备资产进行报废时，根据实物"ID"进行识别，确定设备资产等信息，关联废旧物料编码，达到废旧物资处理流程跟踪。

通过实物"ID"关联项目编码、WBS 编码、物料编码、设备编码、资产编码后，各编码间的逻辑演进如图 3-2 所示。

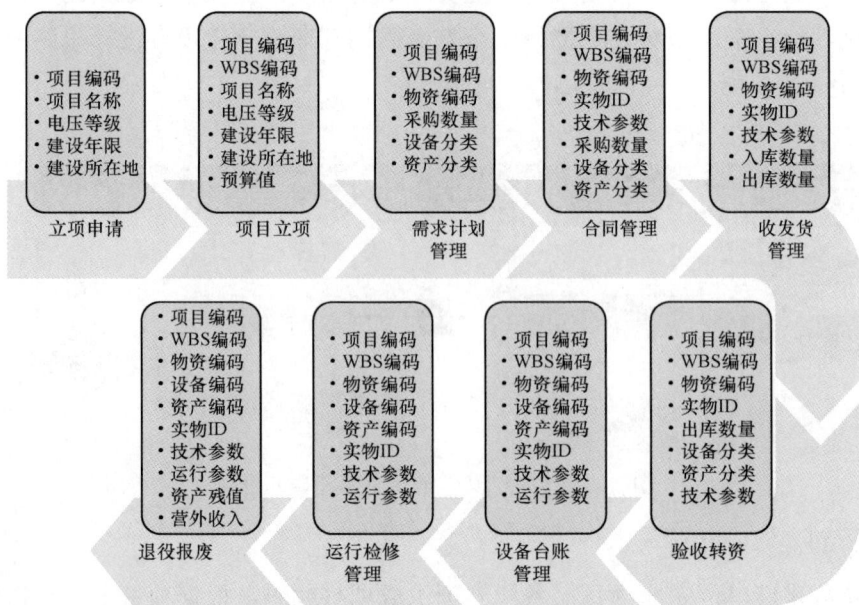

图 3-2　各编码间的逻辑演进示意图

二、业务角色

实物"ID"涉及角色及业务职责简述见表 3-1。

表 3-1　　　　　　　　　实物"ID"涉及角色及业务职责简述

序号	业务角色	业务角色职责
1	项目经理、工程业主项目部	负责设备材料清册编制、汇总、审核，并维护相关物资采购信息；负责组织相关部门进行设备预验收，组织建设部门、运检部门和财务部门确认工程验收现场盘点清单、移交设备转资清册等
2	试验负责人	负责整个工程的调试工作，按照规程记录调试、试验数据，出具报告，保证数据真实、准确、有效
3	资产全寿命周期管理专责	负责根据启用实物"ID"管理的物资范围，维护实物"ID"启用配置表相关内容
4	合同专责	负责物资采购订单及合同管理
5	仓库管理员	负责物资仓储作业及现场所有作业
6	设备专责	设备台账数据的维护与管理，对存量设备实物"ID"标签的生成、张贴、盘点
7	资产专责	审核 ERP 设备台账与固定资产卡片的创建
8	物资供应商	负责物资供应、物资技术参数信息维护
9	标签管理员	负责标签读写、制作及分发

三、信息系统构建

1. 整体架构

基础架构遵循国家电网公司"一平台、一系统、多场景、微应用"的整体技术规划，新增的功能采用微应用的开发技术要求，技术开发架构基于国家电网公司应用系统统一开发平台（SG-UAP 3.0）进行开发，基于国家电网云平台进行部署，技术架构示意图见图 3-3。

2. 数据访问

基于全业务统一数据中心架构要求，结合各单位现有系统与支撑资产实物"ID"的信息化微应用建设要求，在处理域访问技术方面，基于服务总线、消息中间件以及统一数据访问服务等技术实现实物"ID"建设相关业务数据库访问。基于处理域的数据访问技术架构示意图见图 3-4。

对于实物"ID"建设分析应用，遵照全业务统一数据中心分析技术框架整体要求，数据源采用定时抽取、同步复制、实时接入、文件采集等方式进行数据获取，并通过统一分析服务实现基于实物"ID"的资产全寿命周期专题分析。基于分析域的数据访问技术架构示意图见图 3-5。

3. 系统集成

目前系统间集成暂时按照企业服务总线（Enterprise Service Bus，ESB）+操作性数据仓库（Operational Date Store，ODS）模式，待全业务数据中心上线后，通过 ESB＋消息中间件实现业务应用间服务集成。系统集成方式见图 3-6。

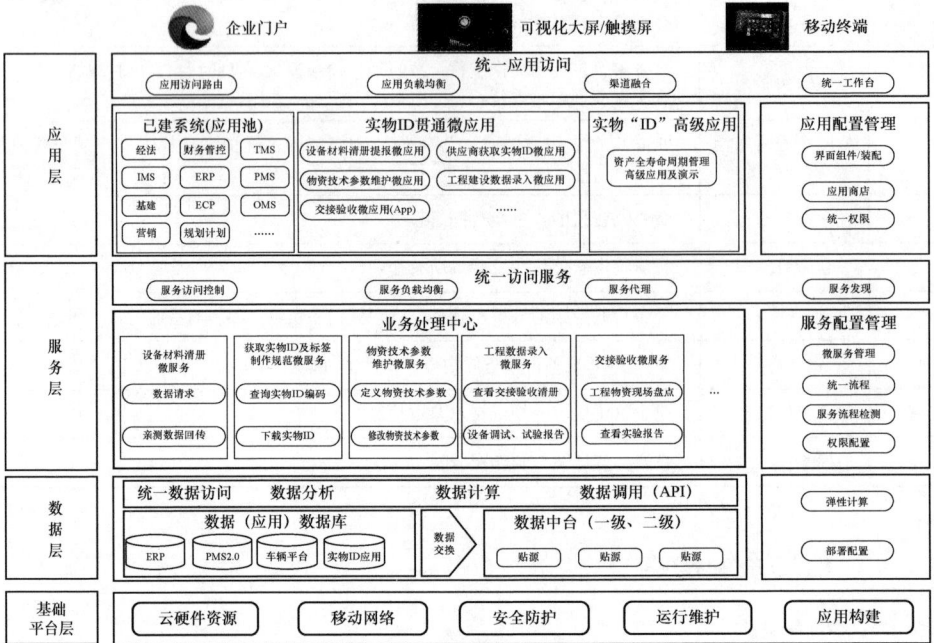

图 3-3 技术架构示意图

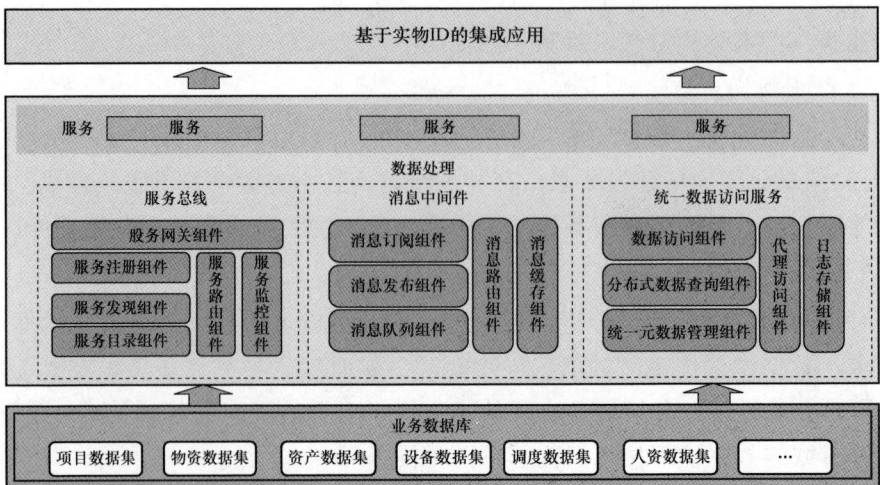

图 3-4 基于处理域的数据访问技术架构示意图

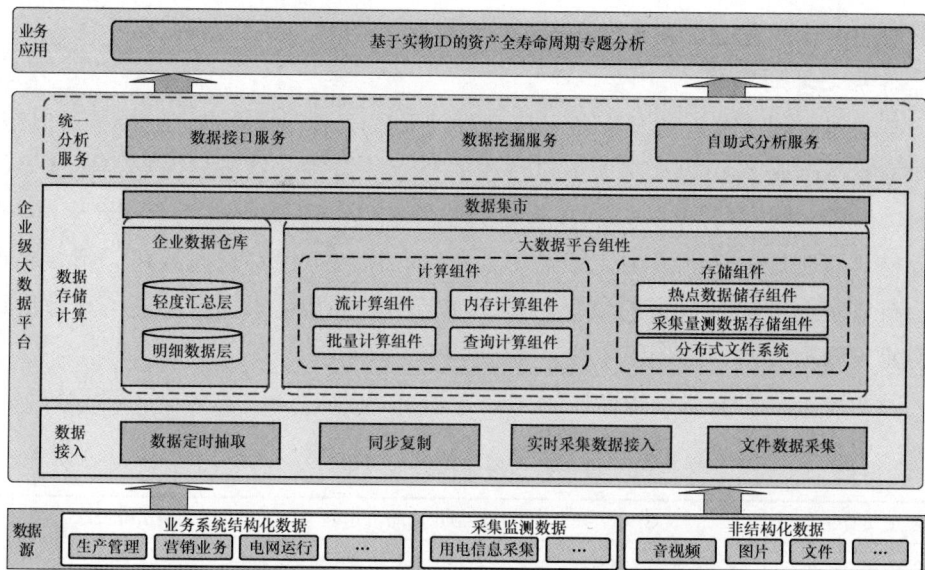

图 3-5　基于分析域的数据访问技术架构示意图

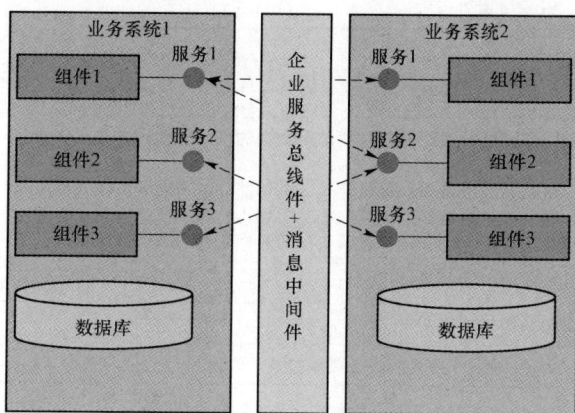

图 3-6　系统集成方式

四、系统功能典型设计

实物"ID"信息化通用典型设计对规划计划、物资采购、工程建设、运行维护和退役处置五个业务环节进行信息系统改造设计,在 2019 年功能点基础上,2020 年开展了 PMS 2.0 系统 9 个功能改造,ERP 系统 7 个功能改造、4 个功能新增,设备材料清册提报微应用 2 个功能改造,物资技术参数维护管理微应用 4 个功能改造,工程建设数据录入微应用 5 个功能改造;物资技术参数维护微应用(内网)4 个功能改造,供应商获取实物 ID 编码及标签制作规范微应用 3 个功能改造,交接验收微应用(App)2 个功能改造,仓储移动应用(App)2 个功

25

能新增的设计开发工作。

1. 规划计划环节

在规划计划环节，开发设备材料清册提报微应用，解决物资挂接层级出错、挂接位置不准确等问题，实现提报过程的警示性提醒、批量导入导出以及多维查询、分析。同时，加强与 ERP 系统的业务集成，增加采购信息的展示，实现设备材料清册后续采购业务完成情况的跟踪、比较。针对输电线路、组装类设备，新增实物"ID"数量的填报功能、项目物资采购需求提报功能，支撑后续采购业务以及实物"ID"的生成。

（1）设备材料清册提报微应用见表 3-2。

表 3-2　　　　　　　　　　设备材料清册提报微应用

应用功能编号	GH01	应用功能名称	设备材料清册提报微应用
功能描述	2017 年典设内容： 开发微应用，实现设备材料清册编制、提报功能；规范标准 WBS 应用，增加 WBS 与物料组匹配关系校验。 2019 年典设内容： 通过增加程序控制，实现标准 WBS 与物料组、物料组与设备类型匹配关系的校验提醒功能；通过新增导入功能，实现用户设备材料清册数据的快速操作；通过新增查询与分析功能，实现用户利用授权码对项目内清册提报情况进行多维查询、分析、导出；通过增加实物"ID"数量的填报功能，实现组装类设备的提报；通过增加采购申请生成信息回传功能，实现设备材料清册数据的采购跟踪。 2020 年典设内容： 通过开发设备材料提报进度查询功能，实现项目管理人员查询、汇总、分析所管项目的设备材料清册提报进度；通过开发设计明细提报进度查询功能，实现项目管理人员直接查询、汇总所管项目设备材料清册中包含的设计明细信息		
涉及系统	微应用、ERP 系统		
参与者	项目经理		
输入数据	WBS 编码、物料编码、需求数量、需求日期、采购组、工厂编码、实物"ID"数量		
业务逻辑	项目建设单位通过微应用编制设备材料清册，通过微应用将编制好的设备材料清册推送至 ERP 中，ERP 完成采购申请创建		
输出数据	采购申请编号、采购申请行项目号、采购申请创建日期、申请人、实物"ID"数量		
前提条件	明确物料组与设备分类的对应关系、标准 WBS 与物料组匹配关系		
功能概要	（1）利用微应用编制设备材料清册。 （2）按需调用设备材料清册提报微应用接口将设备材料清册推送至 ERP。 （3）系统根据用户填报的物料编码、物料描述，并结合当前工程的 WBS，获取 ODS 标准 WBS 与物料组匹配关系表中的物料编码、WBS，进行数据比对，如果在匹配关系表中查询不到当前物料编码或者查询到物料编码单对应的标准 WBS 不一致，则告知用户校验结果存在差异，并提醒用户是否需要继续提报。 （4）系统根据用户填报的物料编码、物料描述，获取 ODS 物料组与设备类型匹配关系表中的物料编码、设备类型、资产类型，进行数据比对，如果在匹配关系表中查询不到当前物料编码，则告知用户校验结果存在差异，并提醒用户是否需要继续提报。 （5）系统支持用户下载设备材料清册模板，用于填报批导数据；系统提供上载功能，支撑用户上传已填报好的模板数据，并对数据类型、业务数据进行规范性检查，同时展示检查结果、支持用户下载检查结果以及逐条修改，对于检查全部通过的数据，系统提供一次性导入、提报功能。		

续表

应用功能编号	GH01	应用功能名称	设备材料清册提报微应用
功能概要	（6）针对输电线路、组装类设备，新增设备材料清册提报微应用实物"ID"数量字段。系统提供实物"ID"数量字段填报功能，根据ERP系统启用实物"ID"配置表是否启用拆分标识判断是否可以维护实物"ID"数量字段。通过实物"ID"数量值，将组装类物资采购数量值对应生码数量值，解决了采购数量与贴签数量换算问题，并与提报数据一并传递至ERP系统，为后续实物"ID"生成奠定基础。 （7）系统新增以项目定义、WBS、物料编码、物料描述、提报状态等多条件查询功能，通过与ERP系统集成实现对应设备材料清册后续采购申请信息获取、展示，支持用户对查询结果数据进行选择性导出，满足对项目数据多维度数据统计、分析的需求。 （8）系统新增设备材料提报进度查询功能，实现项目管理人员利用项目信息、物资信息、设备信息、状态以及日期信息快速检索系统数据，并提供结果数据下载功能。 （9）系统新增设计明细提报进度查询功能，实现项目管理人员利用项目信息、物资信息、设备信息、设计坐标、设计编号、状态以及日期信息快速检索系统数据，并提供结果数据下载功能		

（2）标准WBS与物料组对应关系匹配见表3-3。

表3-3　　　　　　标准WBS与物料组对应关系匹配

应用功能编号	GH02	应用功能名称	标准WBS与物料组对应关系匹配
功能描述	2017年典设内容： 规范标准WBS与物料组匹配关系，在设备材料清册提报、生成设备转资清册时，自动校验挂接WBS与物料组的匹配关系。规范标准WBS与物料组匹配关系，在设备材料清册提报、生成设备转资清册时，自动校验挂接WBS与物料组的匹配关系		
涉及系统	ERP系统		
参与者	经研院		
输入数据	WBS编码、物料组		
业务逻辑	建立数据表，将梳理的标准WBS、物料组关系维护到系统中，在设备材料清册提报、项目验收时，自动校验挂接WBS与物料组的匹配关系		
输出数据	WBS编码、物料组、维护人员、维护日期		
前提条件	梳理对应关系，经相关部门确认		
功能概要	新增标准WBS与物料组匹配关系表，主要数据包括标准WBS、标准WBS描述、物料组、物料组描述； 前台提供单个或批量维护标准WBS和物料组对应关系功能； 具备对数据的增加、修改、删除功能； 查询标准WBS和物料组对应关系及维护历史记录，其中必须包含维护人员、时间信息		

（3）物料组与设备类型对应关系匹配见表3-4。

表3-4　　　　　　物料组与设备类型对应关系匹配

应用功能编号	GH03	应用功能名称	物料组与设备类型对应关系匹配
功能描述	2017年典设内容： 规范标准WBS与物料组匹配关系，在设备材料清册提报、生成设备转资清册时，自动校验挂接WBS与物料组的匹配关系。规范物料组与设备类型对应关系，在设备材料清册提报、生成设备转资清册时，自动校验物料与设备类型匹配关系的正确性		

应用功能编号	GH03	应用功能名称	物料组与设备类型对应关系匹配
涉及系统	ERP 系统		
参与者	资产专责、项目经理		
输入数据	设备类型、设备类型描述、物料组、物料组描述		
业务逻辑	建立数据表，将梳理得物料组与设备类型对应关系维护到系统中，在设备材料清册提报、项目验收时，自动校验物料组与设备类型对应关系的正确性		
输出数据	设备类型、设备类型描述、物料组、物料组描述、维护账号、维护人员、维护日期		
前提条件	确定物料组与设备类型对应关系		
功能概要	构建物料组与设备关系对应表，表字段包括设备类型、设备类型描述、物料组、物料组描述、维护账号、维护人员、维护日期； 前台提供单个或批量维护设备类型和物料组对应关系功能； 具备对数据的增加、修改、删除功能； 开发功能，支持查询设备类型和物料组对应关系维护历史记录，其中必须包含维护人员、维护日期信息		

（4）项目物资采购需求提报见表 3−5。

表 3−5　　　　　　　　　　　　项目物资采购需求提报

应用功能编号	GH04	应用功能名称	项目物资采购需求提报
功能描述	2017 年典设内容： 依据设备材料清册提报微应用集成的设备材料数据，ERP 系统利用项目物资采购需求提报功能，实现项目物资采购申请的创建，并获取对应的采购申请信息。 2020 年典设内容： 增加选择性操作功能，支持用户多项选择数据进行数据规范性检查、采购申请创建； 增加设备材料清册数据状态管理功能，便于用户筛选数据、合理开展采购申请创建		
涉及系统	ERP 系统、微应用		
参与者	项目经理		
输入数据	物料编码、物料描述、设计编号、空间坐标、项目定义、WBS		
业务逻辑	将梳理的设备材料明细清单的物料编码、物料描述存入系统，并通过项目物资采购需求提报功能创建采购申请，系统程序将采购申请号、行号自动回填至对应的设备材料明细清单		
输出数据	采购申请号、行项目		
前提条件	已导入设备材料明细清单		
功能概要	支持利用项目定义、单体工程描述、状态查询设备材料清册提报微应用提报的数据。 采购申请创建功能，增加选择性操作功能，支持用户多项选择数据进行数据规范性检查；支持对检查通过的数据创建采购申请，并返回采购申请信息至 ODS，供设备材料清册提报微应用读取。 设备材料清册数据状态管理，增加状态标识（未创建、创建成功、创建失败、废除），用于区分数据应用情况，便于用户筛选数据、合理开展采购申请创建		

2. 物资采购环节

在物资采购环节，根据实物"ID"启用配置表中物料是否启用拆分以及采购订单行项目中的实物"ID"数量字段实现 ERP 中输电组装类设备生成实物"ID"

编码功能。在一对多拆分规则表中增加项目分类，用于区分同一物料在不同项目类型中对应的不同技术对象类型。增加协议库存业务采购赋码功能，供应商通过供应商获取实物 ID 编码及标签制作规范微应用下载实物"ID"及标签制作规范，按照要求完成实物"ID"标签制作、安装，并在发货之前通过物资技术参数维护管理微应用维护物资技术参数。在物资库存管理、退役物资处置等环节利用实物"ID"标签，实现查看物资技术参数的录入状态并完成物资出入库移动作业。

（1）实物"ID"启用配置表见表3-6。

表 3-6　　　　　　　　　　　　实物"ID"启用配置表

应用功能编号	CG01	应用功能名称	实物"ID"启用配置表
功能描述	2017 年典设内容： 　合同创建之前，在实物"ID"启用配置表中维护需启用实物"ID"管理的物料编码信息。在合同创建时，根据物料编码和启用实物"ID"管理标识判断物料是否生成实物"ID"。 2019 年典设内容： 　增加"是否启用拆分"标识，根据物料编码、实物"ID"管理标识和是否启用拆分标识，判断物料是否按照设备材料清册传输的"实物 ID 数量"生成相应数量的实物"ID"。增加"是否维护明细"标识，设备材料清册提报微应用根据物料编码、实物"ID"管理标识和是否启用拆分标识、是否维护明细标识，判断物料是否需要维护"实物 ID 数量"、设计明细信息		
涉及系统	ERP 系统		
参与者	设备部资产全寿命周期管理专责		
输入数据	物料编码、物料描述		
业务逻辑	新增实物"ID"启用配置表，根据物料编码启用实物"ID"管理标识，判断物料是否生成实物"ID"，根据物料编码是否启用拆分标识，判断是否按照设备材料清册传输的"实物 ID 数量"生成相应数量的实物"ID"		
输出数据	物料编码、物料描述、实物"ID"管理标识、是否启用拆分标识		
前提条件	实物"ID"启用配置表已维护		
功能概要	新增实物"ID"启用配置表，字段信息包含物料编码、物料描述，是否启用实物"ID"管理标识； 　前台提供单个或批量处理功能，维护物料编码是否启用实物"ID"管理； 　当物料编码对应的实物"ID"管理标识为"X"时表示启用实物"ID"管理，当实物"ID"管理标识为"NULL"时，表示不启用实物"ID"管理； 　实物"ID"启用状态查询，可以查询数据维护历史记录，其中必须包含创建者、维护日期信息； 　实物"ID"启用配置表中增加"是否启用拆分标识"字段； 　修改批量导入和导出的模板，加入"是否启用拆分标识"字段； 　当物料编码对应的实物"ID"管理标识为"X"且是否启用拆分标识为"X"时，表示该物料在生成实物"ID"时需根据"实物 ID 数量"生成相应数量的实物"ID"。 　当物料编码对应的实物"ID"管理标识为"X"且是否启用拆分、是否维护明细标识为"X"时，表示该物料在设备材料清册提报微应用新增物料时，需要维护"ID"数量、设计明细信息；当物料编码对应的实物"ID"管理标识为"X"且是否启用拆分标识为"X"时，表示该物料在设备材料清册提报微应用新增物料时，需要维护实物"ID"数量		

（2）物料设备一对一关系的实物"ID"生成见表3-7。

表3-7　　　　　　　　　物料设备一对一关系的实物"ID"生成

应用功能编号	CG02	应用功能名称	物料设备一对一关系的实物"ID"生成
功能描述	2017年典设内容： 在物资采购环节，采购订单生效后，在 ERP 中生成实物"ID"编码。 2019年典设内容： 在物资采购环节，采购订单生效后，根据物料、项目分类与设备类型的对应关系，在 ERP 中生成实物"ID"编码，并实现按设备类型等条件查询实物"ID"编码功能。 2020年典设内容： 在物资采购环节，采购订单生效后，在 ERP 中生成实物"ID"编码，获取物料清单明细表中的空间坐标与实物"ID"进行绑定，存储到实物"ID"落地表中		
涉及系统	ERP 系统和微服务		
参与者	合同专责		
输入数据	采购订单、采购订单行项目、采购数量、物料编码、实物"ID"数量		
业务逻辑	采购订单生效时候，根据采购的物料编码、采购数量或实物"ID"数量、实物"ID"启用配置表生成对应数量的实物"ID"编码		
输出数据	实物"ID"编码、采购订单、采购订单项目、采购数量、物料编码		
前提条件	物资纳入实物"ID"管理		
功能概要	采购订单生效时，根据实物"ID"启用配置表判断物料是否启用实物"ID"管理，再检查特殊一对多拆分规则表，确认采购物资按照一对一的原则，结合项目分类、物料编码，生成对应设备类型的实物"ID"编码。 对于纳入实物"ID"管理，同时未启用拆分标识物料，结合采购订单号、采购订单行项目号、采购数量信息，通过调用公共组件根据订单"采购数量"生成对应数量的实物"ID"编码；如启用拆分标识物料，结合该物料对应的设备材料明细清单生成对应数量的实物"ID"编码，并关联设备材料明细清单中对应的设计编号、空间坐标。 将生成的实物"ID"编码形成结构化信息存储在数据库中，数据库中新增实物 ID 数量、空间坐标、设计编号，取设备清册导入时的信息。 开发自定义功能可以实现根据设备类型与实物"ID"编码信息互查		

（3）物料设备一对多关系的实物"ID"生成见表3-8。

表3-8　　　　　　　　　物料设备一对多关系的实物"ID"生成

应用功能编号	CG03	应用功能名称	物料设备一对多关系的实物"ID"生成
功能描述	2017年典设内容： 采购订单生效后，在 ERP 中生成实物"ID"编码，如果存在一个物料投运后形成多个资产级设备，视同一对多的关系，则根据物料与设备的对应关系生成多个实物"ID"。例如：接地变压器物料编码是 1 个，投运后形成变压器和接地开关 2 个资产级设备。 2019年典设内容： 采购订单生效后，对于未启用拆分标识物料，在 ERP 中生成实物"ID"编码，如果存在一个物料投运后形成多个资产级设备，视同一对多的关系，则根据物料、项目分类与设备类型的对应关系，依据"采购订单数量"生成多个实物"ID"。对于启用拆分标识的物料，则根据物料、项目分类与设备类型的对应关系，依据采购订单行项目的"实物 ID 数量"生成对应数量的实物"ID"。		

续表

应用功能编号	CG03	应用功能名称	物料设备一对多关系的 实物"ID"生成
功能描述	2020 年典设内容： 　　在物资采购环节，采购订单生效后，在 ERP 中生成实物"ID"编码，获取物料清单明细表中的空间坐标与实物"ID"进行绑定，存储到实物"ID"落地表中		
涉及系统	ERP 系统和微服务		
参与者	合同专责		
输入数据	采购订单、采购订单行项目、采购数量、物料编码、实物"ID"数量		
业务逻辑	当物料与设备存在一对多或是拆分关系时，并且是需要启用实物"ID"的物资，则根据物料与设备拆分规则、实物"ID"启用配置表、物料采购数量或实物 ID 数量生成相应数据的实物"ID"编码		
输出数据	实物"ID"编码、采购订单、采购订单行项目、采购数量、物料编码		
前提条件	物料纳入实物"ID"管理、物料与设备存在一对多关系并在系统内已维护物料与设备拆分规则		
功能概要	（1）采购订单生效时，根据实物"ID"启用配置表判断物料是否启用实物"ID"管理，再检查特殊一对多拆分规则表。 （2）启用实物"ID"管理，结合采购订单号、采购订单行项目号、项目类型、采购数量信息和特殊一对多拆分规则表，无拆分标识物料，通过调用公共组件根据"采购数量"生成对应数量的实物"ID"编码；对于启用拆分标识物料，结合该物料对应的设备材料明细清单生成对应数量的实物"ID"编码，并关联设备材料明细清单中对应的设计编号、空间坐标。 （3）将生成的实物"ID"编码形成结构化信息存储在数据库中，数据库中新增实物 ID 数量、空间坐标、设计编号，取设备清册导入时的信息。 （4）开发自定义功能可以实现实物"ID"编码和采购订单信息互查		

（4）供应商获取实物"ID"编码及标签制作规范见表 3-9。

表 3-9　　　　供应商获取实物"ID"编码及标签制作规范

应用功能编号	CG04	应用功能名称	供应商获取实物 ID 编码及 标签制作规范
功能描述	2017 年典设内容： 实现供应商获取实物"ID"编码、二维码图形和标签制作规范的功能。 2019 年典设内容： 改造微应用，在供应商查询实物"ID"编码展示界面增加显示"设计编号"的功能。 2020 年典设内容： 实现按照框架协议编号查询预生成实物"ID"的功能，采购订单创建后，采购订单与实物"ID"关联信息同步至供应商获取实物 ID 编码及标签制作规范微应用的功能；增加多维度实物"ID"的查询及大批量数据下载功能；更新 2020 年扩展设备类型标签制作及贴标规范		
涉及系统	ERP、微应用		
参与者	物资供应商		
输入数据	采购订单号、采购订单行项目号、物料编码、实物"ID"编码、框架协议编号		

应用功能编号	CG04	应用功能名称	供应商获取实物 ID 编码及标签制作规范
业务逻辑	实物"ID"生成后，通过接口将供应商供货物资的实物"ID"、物资编码和对应的物料组、设备分类发送到供应商获取实物 ID 编码及标签制作规范微应用中，统一存储各类设备的标签制作规范，供应商依据供货物资对应的设备分类制作实物"ID"标签。 框架协议预生成实物 ID 后，通过接口将框架协议预生成实物"ID"、物资编码和对应的物料组、设备分类发送给供应商获取实物 ID 编码及标签制作规范微应用，供应商可下载实物 ID 提前制作实物 ID 标签，ERP 系统采购订单关联预生成实物 ID 后，再次通过接口将采购订单与实物 ID 关联信息推送至供应商获取实物 ID 编码及标签制作规范微应用中		
输出数据	实物"ID"、物料编号、物资分类、设备分类、二维码图形和标签制作规范		
前提条件	物资纳入实物"ID"管理		
功能概要	（1）在微应用中，维护实物"ID"标签制作规范，供应商获取实物"ID"、二维码图形的同时，可以查看该物资对应的制作规范。 （2）如果一个物资对应多个设备分类，根据同一物资编码，不同实物"ID"对应的不同设备分类对应关系，对照实物标签制作规范文档，确认每个实物"ID"的贴签规范。 （3）提供供应商查询实物"ID"编码的功能，展示界面增加"设计编号"。 （4）下载或打印具体的采购订单物料对应的标签制作二维码图形。 （5）新增按照框架协议编号查询预生成实物"ID"的功能。 （6）新增采购订单创建后，采购订单与实物"ID"关联信息同步至微应用的功能。 （7）增加按"项目定义"等条件查询，方便供应商多维度查询实物"ID"并下载相应信息。 （8）改造实物"ID"下载功能，支持大批量数据下载。 （9）更新 2020 年扩展设备类型标签制作及贴标规范		

（5）物资技术参数维护管理见表 3-10。

表 3-10   **物资技术参数维护管理**

应用功能编号	CG05	应用功能名称	物资技术参数维护管理
功能描述	**2017 年典设内容：** 根据物料、设备类型参数查询功能，供应商在设备出厂前依据实物"ID"进行维护物资技术参数。 **2019 年典设内容：** 开展微应用功能改造，实现供应商用户对扩展设备与附件部件参数数据的填写、提报，增加参数批量导入、导出以及数据正确性校验、统计功能，并通过审核、提醒功能，协助用户检验数据质量、迅捷处理新增数据。 **2020 年典设内容：** 开展微应用功能改造，扩展设备类型及技术参数模板，实现车辆、仪器仪表、站内扩展设备物资技术参数的结构化录入，供 PMS 2.0、统一车辆管理平台创建设备台账；扩展设备附件部件物资技术参数维护模板，实现设备的附件部件物资技术参数的结构化录入，支撑 PMS 2.0 设备附件部件技术参数管理；新增与仓储移动应用（App）数据接口，实现物资技术参数提报状态更新；新增物资技术参数传输统一车辆管理平台接口，供应商维护车辆物资技术参数后，微应用将参数信息传输至数据中心，统一车辆管理平台调用相应参数信息，创建车辆设备台账		
涉及系统	微应用、ERP 系统、PMS 2.0、仓储移动应用（App）、统一车辆管理平台		
参与者	物资供应商、项目经理、工程现场物资管理人员、检修班长		
输入数据	实物"ID"编码、物料编码、物料描述、采购订单、附件部件编码、附件部件描述、附件部件类型编码、附件部件类型描述、提报状态以及相关参数		

续表

应用功能编号	CG05	应用功能名称	物资技术参数维护管理
业务逻辑	根据实物 ID、设备类型、采购订单等信息,供应商在设备出厂前利用微应用完成物资技术参数的维护,并将技术参数信息推送到数据中心供其他系统使用		
输出数据	设备类型、实物"ID"编码、物资技术详细参数、物资技术参数维护状态		
前提条件	设备纳入实物"ID"编码管理		
功能概要	（1）定义、修改设备类型。 （2）定义、修改、分配设备类型技术参数。 （3）对供应商提供基于实物"ID"编码的设备参数维护功能,完成各类物资技术参数维护。 （4）扩展物资技术参数设备类型模板,系统进行设备类型管理、设备参数项管理、物资参数模板管理、物资技术参数维护功能改造,实现对扩展变电、输电、配电和换流设备类型的功能支持,通过针对设备类型的详细参数字段的功能开发,支持物资技术参数的结构化录入。 （5）新增主网设备附件部件物资技术参数维护模板,改造物资技术参数维护管理微应用,增加附件部件类型管理、附件部件参数项管理、设备类型与附件部件类型匹配关系、附件部件生产厂家管理、附件部件制造国家管理以及附件部件技术参数录入功能,实现主变、断路器、隔离开关三类主设备的附件部件物资技术参数的结构化录入。改造微应用与 PMS 2.0 集成接口,实现附件部件参数数据与 PMS 2.0 系统的实时共享。 （6）新增物资技术参数维护进度实时查询功能,支持项目经理、物资项目经理、检修班长利用设备类型描述、物料编码、实物"ID"编码、采购订单号、供应商编码、供应商名称等字段信息批量查询供应商物资技术参数维护进度,实时掌握维护进程、数据状态。同时,支持项目经理、物资项目经理、检修班长导出查询结果。 （7）新增接口获取 PMS 2.0 生产厂家数据,实现 PMS 2.0 生产厂家数据与微应用生产厂家数据的实时共享,提升供应商用户维护设备参数数据的便捷性、一致性。 （8）新增接口获取 PMS 2.0 制造国家数据,实现 PMS 2.0 制造国家数据与微应用制造国家数据的实时共享,提升供应商用户维护设备参数数据的便捷性、一致性。 （9）新增实物"ID"参数数据修改功能,项目经理、物资项目经理、检修班长利用驳回功能实现对问题数据的状态修改,使供应商能够更正问题数据,实现再次参数提报。 （10）新增供应商待办消息提醒功能。供应商用户通过待办提醒功能实时掌握新增、驳回数据的动态,并及时进行参数维护、提报。 （11）新增物资技术参数批量导入导出功能,支持用户选择未提报的同设备类型物资技术参数数据,进行模板下载、数据导入及批量导出操作。 （12）新增技术参数信息的完整性、正确性核查功能,核对物资技术参数模板字段格式,并支持供应商在维护物资技术参数时,根据字段数据类型、格式、必填项进行正确性核查,并对错误项进行提醒。 （13）新增物资技术参数在线批量复制功能,支持用户选择未提报的同设备类型物资技术参数数据,进行数据复制,系统自动检索已提报的同类型的源物资技术参数数据,选择源数据后,完成数据复制。 （14）新增集成接口数据校验功能,在进行数据获取时对核心数据进行校验,通过对设备类型编码、设备类型描述、网省、供应商编码、供应商名称进行完整性规则校验,对符合规范的数据进行读取。 （15）新增物资技术参数统计功能,支持项目经理、物资项目经理、检修班长根据供应商、设备类型、时间查询物资技术参数统计信息,包括物资技术参数总数、未维护、已维护未提报、已维护已提报、驳回、累计驳回实物"ID"数、累计驳回次数多维度,并以图状进行数据展示。 （16）扩展设备类型及技术参数模板,通过针对扩展设备类型的详细参数字段的功能开发,实现车辆、仪器仪表、站内扩展设备物资技术参数的结构化录入,并将物资技术参数信息推送至数据中心,供 PMS 2.0、统一车辆管理平台创建设备台账。 （17）扩展设备附件部件物资技术参数维护模板,实现设备的附件部件物资技术参数的结构化录入,支撑 PMS 2.0 设备附件部件技术参数管理。 （18）新增与仓储移动应用（App）数据接口,实现物资技术参数提报状态更新。 （19）新增物资技术参数传输统一车辆管理平台接口,供应商维护车辆物资技术参数后,微应用将参数信息传输至数据中心,统一车辆管理平台调用相应参数信息,创建车辆设备台账

（6）物资库存管理见表 3-11。

表 3-11 物 资 库 存 管 理

应用功能编号	CG06	应用功能名称	物资库存管理
功能描述	2017 年典设内容： 通过扫描实物"ID"标签，实现物资库存业务操作（收货、转储、调拨业务）。 2019 年典设内容： 通过扫描实物"ID"标签，实现物资库存业务操作（收货业务），实现在物资交接业务环节对物资技术参数维护状态的展示；新增离线缓存功能，解决在网络环境差或无网络的情况下无法使用物资移动作业的问题。 2020 年典设内容： 在物资交接环节，扫描实物"ID"标签查看物资技术参数信息，并对物资技术参数信息录入错误的实物"ID"驳回给供应商		
涉及系统	ERP 系统、微应用		
参与者	仓库管理员、供应商		
输入数据	采购订单号、物料编码、收货数量、收货时间、收货地点、收货人、物资交接单号		
业务逻辑	扫描物资移动单据（收货业务），获取对应物料编码、实物"ID"编码、物资技术参数信息，与设备本体实物标签上的实物"ID"编码进行校对后，生成包含实物"ID"编码信息的物料凭证，确保物资实物与系统记录的信息一致。若作业区域网络较差，可提将该订单信息下载到本地，在网络环境差或无网络的情况下使用本地下载的订单数据，使得地域作业能够线下完成。如供应商维护的物资技术参数信息有误，则通过驳回功能将该实物 ID 参数信息退回至供应重新维护		
输出数据	物料凭证编号、收货数量、收货时间、收货地点、收货人和收货备注信息		
前提条件	物资纳入实物"ID"编码管理		
功能概要	在物资收货环节： （1）改造物资集约化的物资仓储及现场移动作业功能。在网络环境较好情况下，扫描交接单、到货验收单获取 ERP 单据信息，后台获取实物"ID"及物资技术参数维护状态，并且进行实物"ID"校验，根据收货信息在 ERP 生成物料凭证；在网络环境较好的情况下，订单信息下载到本地，在没有网络的情况下使用本地下载的订单数据，使得地域作业能够线下完成； （2）新增与物资技术参数录入状态信息交互接口，将相关信息传递至移动终端。 （3）若有退换货业务，要保持实物"ID"不变的原则，按照原有业务流程进行处理。 （4）新增仓储移动应用（App）与 MIP2.0 单点登录集成功能。 （5）新增仓储移动应用（App）扫描铭牌二维码、实物"ID"编码标签的内置码及标签本体上的二维码，验证三码是否一致功能。 （6）新增仓储移动应用（App）获取物资技术参数功能，并将物资技术参数信息进行展示。 （7）新增仓储移动应用（App）驳回功能，如供应商维护的物资技术参数信息有误，则通过驳回功能将该实物 ID 参数信息退回至供应商重新维护		

（7）项目二级分类关系维护表见表 3-12。

表 3-12 项目二级分类关系维护表

应用功能编号	CG07	应用功能名称	项目二级分类关系维护表
功能描述	2019 年典设内容： 新增项目二级分类关系维护表，物料设备一对多关系表增加项目分类字段，通过物料、设备类型和项目分类对应关系，实现同一种物料在不同项目类型中生成不同设备类型的实物"ID"		

续表

应用功能编号	CG07	应用功能名称	项目二级分类关系维护表
涉及系统	ERP 系统		
参与者	设备部资产全寿命周期管理专责		
输入数据	项目分类、项目分类描述、物料组、设备类型		
业务逻辑	采购订单生效时候，对于启用实物"ID"管理的物料，根据采购订单对应项目的项目分类、物料编码确定设备类型		
输出数据	实物"ID"编码、采购订单、采购订单行项目、采购数量、物料编码		
前提条件	物资纳入实物"ID"管理		
功能概要	新增项目二级分类关系维护表，字段信息包括项目分类、项目分类描述、项目二级分类、项目二级分类描述； 新增批量维护项目二级分类关系表功能； 物料设备一对多关系表中增加项目分类和项目分类描述字段，如果同一种物料在不同项目类型中对应不同的设备类型，需维护物料、项目分类、设备类型三者对应关系； 对于启用实物"ID"管理的物料，根据采购订单所属项目的项目分类、物料编码确认设备类型		

（8）采购申请回传设备材料清册见表3-13。

表3-13 采购申请回传设备材料清册

应用功能编号	CG08	应用功能名称	采购申请回传设备材料清册
功能描述	2019 年典设内容： 新增 ERP 系统采购申请信息回传设备材料清册功能，实现采购申请生成后推送至设备材料清册提报微应用，提升设备材料清册与工程实际采购一致性，避免重复工作		
涉及系统	ERP 系统和设备材料清册提报微应用		
参与者	项目经理		
输入数据	物料编码、物料描述、WBS 编码、采购申请、采购申请行项目、采购申请数量		
业务逻辑	采购申请生成后，将采购申请信息回传至设备材料清册提报微应用		
输出数据	采购申请、采购申请行项目		
前提条件	采购申请生成		
功能概要	（1）采购申请生成后，储存至 ERP 系统的微应用设备材料清册信息表中，并调用接口将采购申请信息回传至设备材料清册提报微应用。 （2）增加手动传输采购申请至提报设备材料清册功能，实现传输失败的采购申请再次回传		

（9）采购订单增强见表3-14。

表 3-14   采 购 订 单 增 强

应用功能编号	CG09	应用功能名称	采购订单增强
功能描述	2019 年典设内容： 改造采购订单功能，在采购订单行项目增加"实物 ID 数量"字段，"实物 ID 数量"字段由设备材料清册提报微应用提供；在采购订单生效后，依据"实物 ID 数量"生成相应数量的实物"ID"编码，满足输电组装类设备实物"ID"生成需求。 2020 年典设内容： 改造采购订单增强功能，在创建采购订单时，获取提报设备材料清册填写的输电杆塔设计坐标（空间坐标），存储到 ERP 物料清单明细表中		
涉及系统	ERP 系统、微应用		
参与者	合同专责		
输入数据	采购订单、采购订单行项目、物料编码、采购数量		
业务逻辑	采购订单行项目增加"实物 ID 数量"字段，生成实物"ID"时，对于在实物"ID"启用配置表中启用拆分标识的物料，根据"实物 ID 数量"字段生成相应数量的实物"ID"		
输出数据	采购订单、采购订单行项目、物料编码、采购数量、实物 ID 数量		
前提条件	物资纳入实物"ID"管理且启用拆分标识		
功能概要	采购订单行项目新增"实物 ID 数量"字段，创建采购订单时，获取设备材料清册中的"实物 ID 数量"信息。 创建采购订单时，获取设备材料清册中的"空间坐标"信息，存储到 ERP 系统的物料清单明细表中。 生成实物"ID"时，检查物料在实物"ID"启用配置表中是否启用拆分标识，如启用，则根据"实物 ID 数量"字段生成相应数量的实物"ID"；如未启用，则根据采购订单数量生成相应数量的实物"ID"		

（10）供应商实物"ID"及二维码下载查询见表 3-15。

表 3-15   供应商实物"ID"及二维码下载查询

应用功能编号	CG10	应用功能名称	供应商实物"ID"及二维码 下载查询
功能描述	2019 年典设内容： 改造 ERP 系统履约环节功能，实现各单位物资管理人员在 ERP 系统中实时查看实物"ID"生成及供应商二维码下载情况		
涉及系统	ERP 系统、微应用		
参与者	履约专责		
输入数据	采购订单、采购订单行项目、物料编码、供应商描述		
业务逻辑	新增供应商实物 ID 及二维码下载情况查询报表，对于已进入履约环节且实物"ID"管理的订单，可查询供应商实物 ID 及二维码下载情况		
输出数据	采购订单、采购订单行项目、供应商编码、供应商描述、是否下载二维码		
前提条件	供应商已下载实物"ID"		

续表

应用功能编号	CG10	应用功能名称	供应商实物"ID"及二维码下载查询
功能概要	新增供应商下载二维码信息回传 ERP 接口，获取供应商是否下载二维码信息； 新增供应商下载实物"ID"及二维码下载查询界面； 新增按供应商查询下载实物"ID"及二维码下载功能； 新增按订单查询下载实物"ID"及二维码下载功能； 新增按实物"ID"查询下载实物"ID"及二维码下载功能； 新增按项目定义查询下载实物"ID"及二维码下载功能； 新增按合同编号查询下载实物"ID"及二维码下载功能		

（11）框架协议的实物"ID"预生成见表 3-16。

表 3-16 框架协议的实物"ID"预生成

应用功能编号	CG11	应用功能名称	框架协议的实物"ID"预生成
功能描述	2020 年典设内容： 协议库存订单审批完成生效后，按照框架协议行项目数量的一定比例，在 ERP 系统中根据物料编码与设备分类一对一对应关系或者一对多对应关系预生成实物"ID"编码。将预生成的实物"ID"存入 ERP 落地表		
涉及系统	ERP 系统、微服务		
参与者	合同专责		
输入数据	框架协议订单、框架协议行项目、目标数量、总金额、单价、物料编码、预生成实物"ID"数量		
业务逻辑	当物料与设备存在一对多或拆分关系时，并且是需要启用实物"ID"的物资，则根据物料与设备拆分规则、实物"ID"启用配置表、物料采购数量或实物 ID 数量生成相应数据的实物"ID"编码		
输出数据	预生成实物"ID"编码、框架协议、框架协议行项目、物料编码		
前提条件	物料启用实物"ID"管理；已维护物料与设备一对一（多）拆分规则		
功能概要	（1）协议库存类型为 MK（数量合同），框架协议生效时，根据实物"ID"启用配置表判断物料是否启用实物"ID"管理，检查特殊一对多拆分规则表，确认采购物资按照一对一的原则，则根据框架协议订单行项目的物料数量调用实物"ID"生成公共服务组件生成实物"ID"编码（生成数量：框架协议订单行项目物料数量×预生成比例）；检查特殊一对多拆分规则表，确认采购物资按照一对多的原则，则根据框架协议订单行项目物料数量调用实物"ID"生成公共服务组件预生成实物"ID"编码（生成数量：框架协议订单行项目物料数量×预生成比例×一对多拆分规则表中相同项目类型和物料的行数）。 （2）协议库存类型为 WK（金额合同），框架协议生效时，根据实物"ID"启用配置表判断物料是否启用实物"ID"管理，再检查特殊一对多拆分规则表，确认采购物资按照一对一或一对多的原则，根据合同金额、物料的平均单价，计算出将要生成实物"ID"编码的物料数量，并调用实物"ID"生成公共服务组件预生成实物 ID 编码（生成数量：合同金额/物料的平均单价×预生成比例×一对多拆分规则表中相同项目类型和物料的行数）。 （3）将预生成的实物"ID"编码形成结构化信息存储在数据库中。 （4）开发自定义功能可以实现预生成实物"ID"编码和框架协议信息互查		

（12）采购订单与预生成实物"ID"关联见表 3-17。

表 3-17 采购订单与预生成实物"ID"关联

应用功能编号	CG12	应用功能名称	采购订单与预生成实物"ID"关联
功能描述	2020 年典设内容： 框架协议预生成实物"ID"后，将框架协议下的采购订单与预生成实物"ID"进行关联，同时限制采购订单重复生成实物"ID"，实物"ID"编码与采购订单关联后存入 ERP 落地表		
涉及系统	ERP 系统、微应用		
参与者	合同专责		
输入数据	采购订单、采购订单行项目、采购数量、物料编码、预生成实物"ID"编码		
业务逻辑	框架协议订单生效时，根据采购的物料编码、采购数量、预生成的实物"ID"数量、实物"ID"启用配置表、一对多拆分规则表关联对应数量的实物"ID"编码		
输出数据	实物"ID"编码、采购订单、采购订单行项目、采购数量、物料编码		
前提条件	已预生成实物"ID"编码		
功能概要	（1）采购订单生效后，根据实物"ID"启用配置表判断物料是否启用实物"ID"管理，结合框架协议、框架协议行项目、采购订单号、采购订单行项目号、项目类型、采购数量信息和特殊一对多拆分规则表，如确认采购物资为一对一的原则，则根据采购订单采购数量关联相应数量的已预生成的实物"ID"编码；如确认采购物资为一对多的原则，则根据采购订单采购数量、一对多关系关联相应数量的已预生成的实物"ID"编码。 （2）将关联的预生成实物"ID"编码的采购订单信息存储在数据库中，更新已存储的框架协议预生成实物"ID"的行项目。 （3）将已关联预生成实物"ID"编码采购订单信息重新推送至 ODS		

（13）框架协议增补预生成实物"ID"见表 3-18。

表 3-18 框架协议增补预生成实物"ID"

应用功能编号	CG13	应用功能名称	框架协议增补预生成实物"ID"
功能描述	2020 年典设内容： 在采购订单生效并关联框架协议后，原有预生成的实物"ID"数量低于实物"ID"标签安全存量时，通过手动输入增补实物"ID"数量对框架协议预生成实物"ID"数量进行补充。实物"ID"编码预生成后存入 ERP 落地表		
涉及系统	ERP 系统、微服务		
参与者	合同专责		
输入数据	增补预生成的实物"ID"数量		
业务逻辑	当框架协议预生成的实物"ID"与生成的采购订单进行关联后，剩余预实物"ID"不满足后期急需量时，需对预生成实物"ID"数量进行提前补充		
输出数据	预生成实物"ID"编码、框架协议、框架协议行项目、物料编码		
前提条件	采购订单与框架协议存在关联关系		
功能概要	（1）框架协议与采购订单关联后，框架协议预生成的实物"ID"编码存在消耗，通过报表查询，当预生成实物"ID"低于安全存量时，需要增补预生成实物"ID"数量。 （2）手动输入需增补的实物"ID"数量，调用实物"ID"生成公共服务组件预生成实物"ID"编码。 （3）将增补的实物"ID"编码形成结构化信息存储在数据库中。 （4）开发自定义查询功能，检查预生成实物"ID"是否低于安全存量		

（14）寄存物资转自有库存见表3–19。

表3–19 寄存物资转自有库存

应用功能编号	CG14	应用功能名称	寄存物资转自有库存
功能描述	2020年典设内容： 在对寄售物资进行转储后，更新实物"ID"落地表WBS元素信息		
涉及系统	ERP系统		
参与者	仓库管理员		
输入数据	寄售物资及数量		
业务逻辑	当寄售物资需要出库时，将寄售物资转储进行转储，转储后将关联的WBS元素更新至实物"ID"落地表中		
输出数据	物料、数量、实物"ID"编码、WBS元素		
前提条件	寄售订单已收货		
功能概要	寄售物资在进行转储至项目库存时，将物资关联的实物"ID"编码一并转储；转储完成后，将更新后的WBS元素更新至实物"ID"落地表中		

3. 工程建设环节

在工程建设环节，出库时项目建设单位需要在ERP系统创建物资领料单，物资部门根据物资领料单将物资出库，出库过程中记录实物"ID"编码一致性。项目建设单位检查物资技术参数信息录入状态，确认后进行项目物资现场收货。完成物资到货验收环节后，对设备进行安装调试、试验，调试单位针对不同设备进行具体的调试及试验，并形成对应的安装调试记录、施工质量记录和交接试验报告，安装调试记录、施工质量记录和交接试验报告各试验项目都要有结论，整体安装调试记录、施工质量记录和交接试验报告也要有结论。

在工程建设阶段，根据业务实际情况，工程现场的项目管理人员需要维护组装类设备技术参数信息。通过开发物资技术参数维护微应用（内网），支撑该阶段技术参数管理，实现参数数据的信息化存储、共享。

项目具备验收条件后，项目建设单位根据工程项目类型（变电项目或线路项目）出具带有实物"ID"的工程验收现场盘点清单，根据业务实际情况，通过开发交接验收微应用（App），实现工程物资现场盘点和盘点结果录入，并可实时查看物资技术参数及试验报告等数据。线路项目模板中增加线路和设备赋码、主子设备对应关系维护功能。工程验收现场盘点清单生成后，会同设备、财务部现场盘点验收，在ERP中生成带有实物"ID"的设备转资清册，并通过接口发送给PMS 2.0。PMS 2.0接收带有实物"ID"的设备转资清册，设备专责在现场实物验收时可根据现场设备实物"ID"与设备转资清册中实物"ID"进行现场核查。核查完毕后，设备运检人员在 PMS 2.0 中根据设备转资清册创建设备台账，维护设备的实物"ID"信息，并调用接口将设备数据信息发送至 ERP，ERP 自动创建设备台账，联动创建固定资产卡片。

（1）物资出库管理见表 3-20。

表 3-20　　　　　　　　　　　物 资 出 库 管 理

应用功能编号	JS01	应用功能名称	物资出库管理
功能描述	2017 年典设内容： 仓库管理员根据领料单，扫描领料单或者录入领料单号，获取领料单基本信息，同时通过扫描实物"ID"标签确认出库物资实物"ID"编码，完成物资出库。 2019 年典设内容： 新增离线缓存功能，仓库管理员根据领料单，扫描领料单或者录入领料单号，获取领料单基本信息，解决在网络环境差或无网络的情况下无法使用物资移动作业的问题		
涉及系统	ERP 系统、微应用		
参与者	项目经理、仓库管理员		
输入数据	领料单、物料编码、物料描述、项目 WBS 编码、预留号、预留行项目、可领数量、移动类型		
业务逻辑	项目经理在 ERP 系统中根据项目建设需求创建领料单，仓库管理员接收领料单后，利用移动端 App 扫描领料单、实物"ID"标签，查看物资技术参数信息维护状态，确认物资出库数量，完成物资出库		
输出数据	物料凭证、实物"ID"编码、物料凭证行项目、工厂、库存地、移动类型、物料编码、物料描述、数量、单位		
前提条件	项目经理在 ERP 创建领料单		
功能概要	（1）项目经理在 ERP 系统创建领料单，并将领料单信息保存在 ERP 系统； （2）仓库管理员利用移动端 App 扫描纸质领料单，依据领料单调取 ERP 系统中物料编码、物料描述、项目 WBS 编码、需求数量、可领数量； （3）仓库管理员利用移动端 App 扫描实物"ID"编码，通过扫描的实物"ID"编码与 ERP 系统领料单、领料单行项目的实物"ID"编码进行比较，比较成功之后再对领料数量进行累加； （4）仓库管理员在网络环境较好的情况下，将订单信息下载到本地数据库中，在没有网络的情况下使用本地下载的订单数据使得地域作业能够线下完成； （5）支持分批出库功能，与 ERP 系统集成，将领料单号、实物"ID"编码、物料编码、预留编码、预留行项目、实际发货数量传输 ERP 系统，执行发货功能； （6）将实物"ID"信息记录到物料凭证实物"ID"编码表中； （7）仓库管理员利用移动端 App 扫描实物"ID"编码，针对组装类设备增加"需求标签数量""实发标签数量"信息，通过扫描实物"ID"确认"实发标签数量"完成物资出库业务； （8）新增移动 App 扫描铭牌二维码、实物"ID"编码标签的内置码及标签本体上的二维码，验证三码是否一致功能		

（2）工程建设数据录入微应用见表 3-21。

表 3-21   工程建设数据录入微应用

应用功能编号	JS02	应用功能名称	工程建设数据录入微应用
功能描述	2017 年典设内容： 　　调试单位人员利用微应用扫描实物"ID"编码标签，获取设备相关信息，实现对工程设备的安装调试记录、交接试验报告等信息维护功能，并对安装调试记录、交接试验报告数据进行结构化存储。 　　2019 年典设内容： 　　完善微应用试验报告录入功能，实现试验报告 Excel 导出、导入功能；完善微应用试验报告录入功能，实现移动端离线录入功能、设备缺陷拍照上传功能、MIP2.0 单点登录集成功能；梳理并优化交接试验模板，完善试验报告录入校验功能；优化移动端 App 界面显示及 RFID 扫描功能，提升设备适配性。 　　2020 年典设内容： 　　工程建设数据录入微应用（PC）： 　　增加整站扩展设备类型，实现扩展设备类型安装调试记录及施工质量记录录入、修改、查看等功能；增加扩展设备类型试验报告模板获取功能，满足扩展设备类型试验报告录入、修改、查看等功能；增加安装调试记录、施工质量记录、试验报告列表导出功能。 　　工程建设数据录入微应用（App）： 　　增加整站扩展设备类型，实现扩展设备类型安装调试记录及施工质量记录录入、修改、查看等功能；增加扩展设备类型试验报告模板获取功能，满足扩展设备类型试验报告录入、修改、查看等功能		
涉及系统	微应用、PMS 2.0 系统、ERP 系统		
参与者	项目经理		
输入数据	实物"ID"编码、设备名称、设备型号、安装时间、调试时间、调试人员、试验数据		
业务逻辑	设备安装完成之后，调试单位对设备进行安装调试、试验，最终形成安装调试记录、施工质量记录、试验报告并完成审核。移动端离线录入的安装调试记录、施工质量记录、试验报告需要在联网状态下上传至服务器		
输出数据	安装调试记录、施工质量记录、试验报告		
前提条件	完成设备安装		
功能概要	（1）通过微应用输入实物"ID"，实现 PC 端安装调试记录、施工质量记录数据录入。 　（2）通过微应用输入实物"ID"，实现交接试验报告录入及打印，实现试验报告 Excel 导出、导入功能。 　（3）通过移动作业终端扫描实物"ID"标签，设备缺陷拍照上传功能、MIP2.0 单点登录集成功能。 　（4）通过移动作业终端扫描实物"ID"标签，实现在网络不稳定或无网络的环境下完成移动端离线录入功能。 　（5）通过优化移动端 App 界面显示及 RFID 扫描功能，提升设备适配性。 　（6）通过微应用输入或移动作业终端扫描实物"ID"标签，实现整站扩展设备类型安装调试记录及施工质量记录录入、修改、查看等功能。 　（7）通过微应用输入或移动作业终端扫描实物"ID"标签，实现整站扩展设备类型试验报告录入、修改、查看等功能。 　（8）实现安装调试记录、施工质量记录、试验报告列表导出功能		

（3）生成工程验收现场盘点清单见表 3-22。

表 3-22   生成工程验收现场盘点清单

应用功能编号	JS03	应用功能名称	生成工程验收现场盘点清单
功能描述	2017 年典设内容： 在工程验收现场盘点清单中增加实物"ID"字段，根据项目定义、单体工程编号从项目发货信息中获取物料相关信息，生成工程验收现场盘点清单，下载、打印后以供现场验收盘点。 2019 年典设内容： 在生成工程验收现场盘点清单程序首页增加变电项目和线路项目选项，根据选择项显示相应的工程验收现场盘点清单模板，在线路模板中增加线路和设备赋码功能，增加工程验收现场盘点清单推送至 ODS 功能。 2020 年典设内容： 改造生成工程验收现场盘点清单功能，增加接收交接验收微应用（APP）返回的"是否扫码匹配"结果，用于统计及核实工程现场设备实物与实物 ID 标签的对应情况； 在生成工程验收现场盘点清单程序首页增加服务项目选项，根据选择项显示相应的工程验收现场盘点清单模板，在服务类模板中增加设备赋码功能，增加工程验收现场盘点清单推送至 ODS 功能； 改造生成现场验收盘点清单功能，获取实物"ID"落地表空间坐标信息		
涉及系统	ERP 系统、PMS 2.0 系统、微应用		
参与者	项目经理		
输入数据	项目定义、单体工程编号		
业务逻辑	在 ERP 中根据项目定义、单体工程编号从项目发货信息中获取物料相关信息，根据选择项生成变电或线路工程验收现场盘点清单，下载、打印后以供现场验收盘点		
输出数据	物料编码、物料名称、实物"ID"编码、物料数量、物料单位、购置价值、货币单位、设备类型、资产细类		
前提条件	单体工程物资领用手续已完成且工程投运前		
功能概要	（1）在财务集约化下发的"套装软件与 PMS 2.0 关于工程现场验收盘点清单集成功能"的基础上，在工程验收现场盘点清单中增加实物"ID"字段信息，记录物料对应的实物"ID"编码。 （2）增加变电项目和线路项目选项并根据单体工程进行识别，显示相应的工程验收现场盘点清单模板。新增服务类采购物资工程验收现场盘点清单模板。 （3）根据项目定义、单体工程编号获取项目发货的物料编码、物料名称、实物"ID"、设备类型、设计编号、空间坐标、所属线路实物 ID 等信息，在线路模板中增加线路和设备赋码功能，生成工程验收现场盘点清单，设计编号从实物 ID 落地表获取，所属线路实物 ID 填写整条线路（电缆）实物"ID"，空间坐标（x，y）在导出的盘点清单中维护。 （4）根据项目定义、单体工程编号获取项目单体下建筑、安装类等服务合同清单，清单包含 WBS 编号、WBS 描述、采购订单号、行项目号、采购订单描述、服务编号、服务编号描述、供应商编号、供应商名称、合同金额、服务确认金额等信息，在服务类模板中增加通过服务合同采购设备的赋码功能。 （5）将工程验收盘点清单生成的实物"ID"存储到实物"ID"落地表，调用接口传输到 ODS 实物"ID"落地表。 （6）将工程验收现场盘点清单下载、保存到本地 PC 中，打印后供现场验收盘点。 （7）改造生成工程验收现场盘点清单功能，增加接收交接验收微应用（App）返回的"是否扫码匹配"结果，用于统计及核实工程现场设备实物与实物 ID 标签的对应情况		

（4）生成设备转资清册见表 3-23。

表 3-23   生 成 设 备 转 资 清 册

应用功能编号	JS04	应用功能名称	生成设备转资清册
功能描述	2017 年典设内容： 　　将包含实物"ID"信息的设备转资清册导入 ERP，调用接口将设备转资清册同步至ODS。 2019 年典设内容： 　　将包含实物"ID"信息的变电或线路工程验收现场盘点清单导入 ERP，生成设备转资清册，选择需要传输至 PMS 的数据，调用接口将设备转资清册同步 ODS。 2020 年通用设计内容： 　　将包含实物"ID"信息的服务合同采购设备验收现场盘点清单在完善内容后导入 ERP，生成设备转资清册，选择需要传输的数据，调用接口将设备转资清册同步 ODS		
涉及系统	ERP 系统、PMS 2.0 系统、微应用		
参与者	项目经理		
输入数据	设备转资清册		
业务逻辑	将包含实物"ID"信息的变电、服务或线路设备转资清册导入 ERP，调用接口将设备转资清册同步至 ODS		
输出数据	项目定义、单体工程编号、物料编码、物料名称、设备类型、实物"ID"编码等		
前提条件	根据工程验收现场盘点清单完成现场实物盘点验收		
功能概要	（1）针对线路项目在设备转资清册模板中增加实物"ID"、所属线路实物"ID"、设计编码、空间坐标字段。 （2）将包含实物"ID"信息的变电、服务或线路工程验收现场盘点清单导入 ERP，生成设备转资清册，调用接口将设备清册传输至 ODS，便于 PMS 或其他应用系统使用		

（5）PMS 2.0 接收设备转资清册见表 3-24。

表 3-24   PMS 2.0 接收设备转资清册

应用功能编号	JS05	应用功能名称	PMS 2.0 接收设备转资清册
功能描述	2017 年典设内容： 　　PMS 2.0 系统设备转资清册增加实物"ID"字段，接收从 ERP 侧传输过来的含有实物"ID"信息的设备转资清册		
涉及系统	PMS 2.0 系统、ERP 系统		
参与者	项目专责、设备专责、资产专责		
输入数据	含实物"ID"字段的转资清册列表信息		
业务逻辑	PMS 2.0 主站在接收 ERP 传输过来的设备转资清册时在 PMS 2.0 侧的设备转资清册中增加实物"ID"字段，从而实现建设环节实物"ID"向运维环节的传递		
输出数据	含实物"ID"字段的设备转资清册信息，包括实物"ID"、单体工程、物料编码、资产明细类编码、项目定义等信息		
前提条件	在 ERP 项目设备转资清册列表增加实物"ID"字段；PMS 2.0 系统设备对应台账表中增加实物"ID"字段		
功能概要	（1）PMS 2.0 设备转资清册增加实物"ID"字段。 （2）PMS 2.0 通过接口接收设备转资清册		

（6）依据设备转资清册进行现场实物核查见表 3-25。

表 3-25　　　　　　　依据设备转资清册进行现场实物核查

应用功能编号	JS06	应用功能名称	依据设备转资清册进行现场实物核查
功能描述	2017 年典设内容： 依据设备转资清册信息，现场实物盘点时，扫描设备实物"ID"标签，与设备转资清册中记录的实物"ID"信息进行匹配，若匹配失败填写失败原因；若匹配成功，记录匹配成功状态并回传记录。 2019 年典设内容： 运维人员通过验收清册信息对现场实物进行核查，并对核查成功的维护铭牌信息，对于核查失败的进行修改，核查完成后将清册回传主站，并依据清册信息进行创建台账。 2020 年典设内容： 实现 2019 年及 2020 年新拓展设备通过扫码获取验收清册信息进行现场核查、维护核查结果，并将核查结果返回至主站端，移动端依据清册核查结果，完成设备台账新增		
涉及系统	PMS 2.0 系统、电网资产统一身份编码 App		
参与者	班组成员		
输入数据	设备转资清册、实物"ID"		
业务逻辑	开发移动终端设备转资清册盘点功能，并将设备转资清册列表同步至移动终端，现场扫描资产实物"ID"标签并与设备转资清册中实物"ID"信息进行匹配，若匹配失败，填写失败原因（失败原因分两种：现场有实物，设备转资清册中无对应；设备转资清册中有记录，现场无实物）；若匹配成功，记录匹配成功状态；设备转资清册盘点完毕后，将盘点结果回传至 PMS 2.0		
输出数据	设备转资清册中实物"ID"的匹配结果信息		
前提条件	PMS 2.0 已获取到 ERP 传送的转资清册（含实物"ID"），设备已张贴实物"ID"标签		
功能概要	（1）利用移动终端获取设备转资清册列表并展示。 （2）利用移动终端开启实物"ID"扫描功能，扫描设备张贴的实物"ID"标签，进行设备转资清册核查。 （3）核查完成后根据核查结果将设备转资清册列表分为未核查、有实物、无实物三个状态。 （4）若核查失败，可对失败原因进行录入（原因分两种：现场有实物，设备转资清册中无对应；设备转资清册中有记录，现场无实物）。 （5）利用移动终端将设备转资清册核查结果同步至 PMS 2.0。 （6）建设部项目经理在项目竣工后根据项目领料信息形成项目验收清册，并组织设备运维单位和财务资产部进行现场核查。 （7）三方以现场实物为准对验收清册信息进行核查。 1）账实相符—维护电系铭牌。 2）有账无物—删除冗余清册。 3）有物无账—新增验收清册。 4）账实不符—修改验收清册。 （8）清册核查完成后将核查结果返回，并作为台账创建的依据		

（7）物资技术参数维护微应用（内网）见表 3-26。

表 3-26　　　　　　　　　物资技术参数维护微应用（内网）

应用功能编号	JS07	应用功能名称	物资技术参数维护微应用（内网）
功能描述		2019 年典设内容： 　　开发物资技术参数维护微应用（内网 App、PC），集成 ERP、PMS 2.0 系统，实现由基建用户在工程建设环节，对供应商无法进行参数维护的设备，进行物资技术参数的录入、提报以及分析、汇总功能，协助用户对相关数据进行数据检验、及时处理。 　　2019 年物资技术参数维护微应用（内网 App、PC）系统上线数据范围包括中压电杆、物理（运行）杆塔、母线、避雷针 4 类设备的参数录入。 　　2020 年典设内容： 　　物资技术参数维护微应用（内网 PC）： 　　开展物资技术参数维护微应用（内网 PC）扩展整站组装类设备改造工作，实现由基建用户在工程建设环节，对供应商无法进行参数维护的整站组装类设备，在 PC 端进行物资技术参数的录入、提报以及分析、汇总功能，协助用户对相关数据进行数据检验、及时处理。 　　物资技术参数维护微应用（内网 App）： 　　开展物资技术参数维护微应用（内网 App）扩展整站组装类设备改造工作，实现由基建用户在工程建设环节，对供应商无法进行参数维护的整站组装类设备，进行物资技术参数的录入、提报以及分析、汇总功能，协助用户对相关数据进行数据检验、及时处理。开展物资技术参数维护微应用（内网 App）系统优化改造，根据公司统一管理需求，新增物资技术参数统一查询功能，满足对本地网省业务的查询与分析；根据项目统一管理需求，新增项目物资技术参数查询与分析功能，满足对本项目业务的查询与分析	
涉及系统		微应用、ERP 系统、PMS 2.0	
参与者		项目经理	
输入数据		实物"ID"、设备类型编码、状态以及相关参数数据	
业务逻辑		根据工程完成情况，项目经理实时检索项目实物"ID"设备参数维护进程，通过手持设备扫描二维码或者 RFID 在物资技术参数维护微应用（内网 App）获取统一身份编码信息并对设备进行技术参数维护、提报，利用物资技术参数维护微应用（内网 PC）的技术参数导入导出、待办提醒以及审核驳回功能，快速推进技术参数维护进度。根据移动端离线功能，使得用户在离线状态，能够登陆 App 进行物资技术参数数据维护等功能，并且使得在有网络情况下自动或手动上传维护后的数据至服务端，保持 PC 端和 App 端数据一致	
输出数据		实物"ID"、设备类型编码、设备类型描述以及相关参数数据	
前提条件		ERP 推送实物"ID"信息至 ODS	
功能概要		物资技术参数维护微应用（内网 PC）： 　　（1）设备技术参数模板管理功能，支撑用户新增同类设备技术参数模板，协助用户快速利用模板维护同类设备技术参数，实现技术参数的快速维护及提报。 　　（2）设备技术参数维护查询、分析功能，支持用户通过查询条件检索、汇总项目数据维护进程，实现未提报、已提报数据的数量汇总以及设备分类数量统计，以便用户实时、快速维护、提报技术参数信息。 　　（3）新增物资技术参数维护导入导出功能，支持用户利用 Excel 模板维护同类物资技术参数并批量上传数据，便于用户快速提报物资技术参数信息。 　　（4）新增物资技术参数维护待办提醒功能，支持用户及时了解系统新增数据，便于用户准确完成待办事项。 　　（5）新增物资技术参数维护审核驳回功能，支持用户实时查看已维护参数数据，并对问题数据进行驳回操作，便于填写人准确、及时修正问题数据。 　　（6）增加微应用与 ERP 系统、PMS 2.0 集成，获取 ERP 系统实物"ID"设备信息，推送组装类设备的技术参数至 PMS 2.0 系统。 　　（7）扩展整站组装类设备类型及技术参数模板，实现整站组装类设备物资技术参数结构化录入。	

应用功能编号	JS07	应用功能名称	物资技术参数维护微应用（内网）
功能概要	物资技术参数维护微应用（内网App）： （1）工程现场实时维护设备技术参数功能，用户通过手持设备扫描二维码或者RFID获取统一身份编码信息，根据数据状态完成设备技术参数维护、提报。 （2）设备技术参数模板管理功能，支撑用户新增同类设备技术参数模板，协助用户快速利用模板维护同类设备技术参数，实现技术参数的快速维护及提报。 （3）设备技术参数维护查询、分析功能，支持用户通过查询条件检索、汇总项目数据维护进程，实现未提报、已提报数据的数量汇总以及设备分类数量统计，以便用户实时、快速维护、提报技术参数信息。 （4）增加微应用与ERP、PMS 2.0集成，获取ERP实物"ID"设备信息，推送组装类设备的技术参数至PMS 2.0系统。 （5）扩展整站组装类设备类型及技术参数模板，实现整站组装类设备物资技术参数结构化录入。 （6）根据公司统一管理需求，新增物资技术参数统一查询功能，满足对本地网省业务的查询与分析。 （7）根据项目统一管理需求，新增项目物资技术参数查询与分析功能，满足对本项目业务的查询与分析		

（8）交接验收微应用（App）见表3-27。

表3-27　　　　　　　　　　　交接验收微应用（App）

应用功能编号	JS08	应用功能名称	交接验收微应用（App）
功能描述	2019年典设内容： 开发交接验收微应用（App），实现接收ERP系统生成的工程物资现场验收盘点清单、扫描二维码或RFID，调阅、查看物资技术参数及试验报告等数据，并进行现场盘点，盘点结果回传至ERP系统。试验报告包含交接试验报告、安装调试记录、施工质量记录信息。 2020年典设内容： 交接验收微应用（App），实现盘点结果离线导出功能；实现工程物资现场盘点清单任务分配功能，满足多人员同时进行现场盘点		
涉及系统	微应用、ERP		
参与者	建设部、物资部、设备部项目专责		
输入数据	实物"ID"编号、盘点单号、项目定义、单体工程、采购订单、设备类型、物料编码		
业务逻辑	在微应用中根据实物"ID"、盘点单号、项目定义、单体工程编号，从ODS获取ERP生成的工程物资现场盘点清单，扫码调阅物资技术参数及试验报告等数据，项目人员使用交接验收微应用（App），根据盘点清单、物资技术参数、试验报告等信息进行现场盘点，盘点结束后，将盘点结果传输至ERP系统，用以生成设备转资清册。盘点结果可离线导出；工程物资现场盘点清单可进行任务分配		
输出数据	盘点结果		
前提条件	在工程建设数据录入微应用完成设备交接试验报告、施工质量记录、安装调试记录录入并传输至ODS；在物资技术参数维护管理微应用中完成物资技术参数信息维护并传输至ODS；ERP推送工程验收现场盘点清单至ODS		
功能概要	（1）支持扫码或填写盘点单号、项目定义、单体工程编号下载工程验收现场盘点清单； （2）支持扫码或填写采购订单、物料编码、设备类型调阅物资技术参数、信息。 （3）支持扫码或填写项目名称、项目类型调阅交接试验报告、安装调试记录和施工质量记录信息。		

续表

应用功能编号	JS08	应用功能名称	交接验收微应用（App）
功能概要	（4）支持 App 现场盘点和盘点结果录入。 （5）支持盘点结果回传至 ERP 系统，用以生成设备转资清册。 （6）支持交接验收微应用（App）现场盘点结果清单离线导出。 （7）支持工程物资现场盘点清单任务分配，满足多人员同时进行现场盘点		

4. 运行维护环节

在运行维护环节，设备台账新增时，设备专责发起设备变更申请流程，建立设备铭牌；利用移动终端下载设备变更申请单和设备铭牌列表，扫描设备的实物"ID"标签获取物理参数和设备试验报告信息，手动关联设备铭牌，创建设备台账并补充填写设备台账其他参数，待台账发布后同步至 ERP。ERP 接收 PMS 2.0 传输的设备信息自动创建设备台账并记录设备实物"ID"信息，通过设备资产联动工作流创建固定资产卡片并记录设备实物"ID"信息，保证设备资产信息联动与设备资产对应准确。

对于需要生成实物"ID"的设备，按照实物"ID"规范进行实物"ID"编码批量生成，并提供对应的查看、下载、打印、统计等功能，实物"ID"标签张贴之后，利用移动终端扫描标签信息与 PMS 2.0 设备台账进行关联。实物资产盘点时，利用移动终端将扫描到的实物"ID"标签信息与 PMS 2.0 设备台账的实物"ID"进行匹配，并记录盘点结果。

完善设备台账新增及维护功能，在降低人工多端操作工作量，提升设备台账维护效率的基础上，优化整体设备管理及维护流程。优化现有台账新增流程，开发移动端设备变更申请单功能，减少设备台账维护操作步骤，实现移动端设备台账新增、变更、维护的全过程操作。

针对当前供应商物理参数录入会出现信息误差的问题，将通过台账信息及时更新，系统自动记录并同步等策略，提升供应商参数录入质量。

将实物"ID"与输变电运检等移动应用融合，实现通过扫码快速调阅设备台账、设备履历等运行数据信息，实时登记设备在运行过程中发现的缺陷、隐患问题，提升现场工作效率。通过开发 PMS 2.0 检修数据接口，依据扫描实物"ID"获取检修设备的物理参数、现存缺陷、历史检测记录。

以存放地点为单位，开展基于实物"ID"的移动智能盘点，实现盘点计划制定与下达、盘点任务执行、盘点报告生成、复盘任务下达等功能。将现场实物信息与系统账面信息实时对比，核实账卡物一致情况，实现随时盘点，随时整改，保持资产100%账卡物一致。提供存量仪器仪表设备按设备类型、按运维单位等维度单或批量生成实物"ID"编码、下载、二维码生成及打印功能。在PMS 2.0增加仪器仪表实物"ID"统计分析功能,实现仪器仪表设备按单位、设备类型、赋码、盘点匹配率、核查率等维度展示不同维度的分析结果,便于仪器仪表工区管理人员更加精确地掌握设备总数量、赋码和贴签等情况。

进行输电线路实物"ID"在运检专业全链路贯通功能改造,在移动端引用输电设备清册,包含项目信息、坐标、设计编号等信息,同步实现输电清册的在线核查,以及将核查结果返回PMS主站端,并通过前台数据导入方式,生成GIS图形,并完成实物"ID"的绑定,通过实物"ID"带入输电设备物理参数信息,实现增量输电设备的设备台账创建。

(1)ERP设备、资产信息属性字段扩充见表3-28。

表3-28   ERP设备、资产信息属性字段扩充

应用功能编号	YW01	应用功能名称	ERP设备、资产信息属性字段扩充
功能描述	2017年典设内容: 在ERP设备台账和固定资产卡片中新增实物"ID"字段,并在ERP与PMS 2.0设备主数据同步字段和ERP设备资产联动字段中增加实物"ID"字段		
涉及系统	PMS 2.0、ERP系统		
参与者	设备专责、资产专责		
输入数据	PMS 2.0设备编码、设备名称、设备种类、设备分类、运行单位、功能位置、电压等级、设备状态、资产性质、WBS编码、实物"ID"编码等信息		
业务逻辑	在ERP设备台账与固定资产卡片中增加实物"ID"字段。PMS 2.0调用接口同步在ERP创建、修改设备台账时,在ERP设备台账中记录实物"ID"编码;ERP设备台账联动创建、修改固定资产卡片时从设备台账中自动获取实物"ID"编码,写入固定资产卡片的实物"ID"字段		
输出数据	ERP设备编码、设备名称、设备种类、技术对象类型、维护工厂、功能位置、设备状态、资产性质、WBS编码、资产编码、实物"ID"编码等信息		
前提条件	PMS 2.0新建、修改设备,并且设备信息包含实物"ID"编码		
功能概要	(1)在ERP设备台账中新增实物"ID"字段,并设置为不可手动修改。 (2)在固定资产卡片中新增实物"ID"字段,并设置为不可手动修改。 (3)将实物"ID"字段设置为设备资产联动字段。 (4)PMS 2.0创建设备台账(包含实物"ID"编码),待台账发布后调用ERP与PMS 2.0设备主数据同步接口将设备主数据信息(含实物"ID"编码)同步至ERP。 (5)ERP接收PMS 2.0传输的设备信息自动创建设备台账并记录设备实物"ID"编码信息。 (6)ERP设备台账创建后,联动创建固定资产卡片并记录设备实物"ID"编码信息		

(2)基于实物"ID"的PMS 2.0设备台账维护见表3-29。

表 3-29   基于实物"ID"的 PMS 2.0 设备台账维护

应用功能编号	YW02	应用功能名称	基于实物"ID"的 PMS 2.0 设备台账维护
功能描述	2017 年典设内容： 　　设备台账新增时，在 PMS 2.0 发起设备变更申请流程，建立设备铭牌，除按照原有功能进行设备台账维护外，也可利用移动终端将处于台账维护环节的设备变更单和设备铭牌列表同步到移动终端，扫描实物"ID"标签，获取设备的物理参数、验收清册信息，手动关联设备铭牌，创建设备台账，并补充填写设备台账其他参数，并获取相关设备试验报告，待台账发布后同步至 ERP 联动产生资产卡片，实现基于实物"ID"的多码贯通		
涉及系统	PMS 2.0 系统、电网资产统一身份编码 App		
参与者	班组成员		
输入数据	实物"ID"编码、设备铭牌、设备变更申请单、物资技术参数信息		
业务逻辑	需要新增设备台账时，在 PMS 2.0 主站发起设备变更单，建立设备铭牌，利用移动终端获取设备变更申请单和设备铭牌列表，扫描实物"ID"标签获取物资技术参数，关联设备铭牌创建设备台账至 PMS 2.0 并同步实物"ID"编码至 ERP		
输出数据	设备关联铭牌成功与否信息；带有实物"ID"编码信息的 PMS 2.0 设备台账、ERP 设备台账和固定资产卡片		
前提条件	在 PMS 2.0 主站建立了设备铭牌并发起了设备变更申请单，设备物理参数已维护，PMS 2.0、ERP 设备台账和固定资产卡片已增加实物"ID"字段；纳入了试点范围的设备已张贴实物"ID"标签		
功能概要	（1）在 PMS 2.0 中对有调度铭牌管理的设备先创建设备铭牌，然后发起设备变更申请。 （2）在台账维护环节时开发移动端的台账维护功能，获取设备变更申请单及铭牌信息。 （3）通过移动端扫描设备实物"ID"标签，根据实物"ID"编码获取物资技术参数和相关试验报告信息，并关联设备铭牌。 （4）补充填写设备台账相关运行信息，保存后在 PMS 2.0 生成设备台账，台账中增加实物"ID"字段。 （5）调整 PMS 2.0 与 ERP 的设备主数据接口，PMS 2.0 设备台账在审核发布后将对应的实物"ID"字段与设备主数据信息一并同步至 ERP。 （6）ERP 创建设备维护（Plant Maintenance，PM）模块中的设备台账和资产管理（Asset Management，AM）模块中的 AM 资产卡片时，保存实物"ID"字段，创建成功后将资产卡片号回传至 PMS 2.0		

（3）新增移动端维护扩展设备类型台账见表 3-30。

表 3-30   新增移动端维护扩展设备类型台账

应用功能编号	YW03	应用功能名称	新增移动端维护扩展设备类型台账
功能描述	2019 年典设内容： 　　在原有"14+2"设备类型基础上，扩展交流一次设备 8 类、换流设备 20 类、配电 2 类设备类型。通过扫描标签获取实物"ID"并自动引入对应的验收清册和物理参数信息。主站端维护设备台账时可通过选择台账对应的清册信息，自动引入实物"ID"和对应的物理参数信息。其中主变压器、断路器、隔离开关可同时引入部件附件的物理参数信息		
涉及系统	PMS 2.0 系统、ERP 系统、电网资产统一身份编码 App		

应用功能编号	YW03	应用功能名称	新增移动端维护扩展设备类型台账
参与者	班组成员		
输入数据	实物"ID"、清册信息		
业务逻辑	移动端通过扫描实物"ID",获取设备清册信息和物理参数信息;PMS 2.0主站端通过选择清册信息自动带入实物"ID"和物理参数信息		
输出数据	设备台账信息、资产卡片		
前提条件	PMS 2.0获取到ERP推送的清册信息		
功能概要	(1)班组成员依据设备验收清册发起设备新增申请。 (2)根据经过批准的申请维护设备台账信息。 (3)移动端进入设备新增功能,选择新扩展的交流一次设备8类、换流设备20类、配电2类设备类型。 (4)通过扫描实物"ID"获取设备清册信息及物理参数。 (5)可针对主变压器、断路器、组合电器、隔离开关四类主设备下挂接的部件附件进行物理参数自动带入。 (6)扩展设备台账维护完成后提交PMS 2.0主站端。 (7)主站端可选择已维护的设备,可通过选择流水码、WBS编码获取资产清册信息并联动带入实物"ID"及物理参数信息资产清册修改设备实物"ID"及物理参数。 (8)完成台账创建并同步至ERP创建资产卡片		

（4）PMS 2.0 设备的实物"ID"编码生成见表 3-31。

表 3-31　　　　　　　　PMS 2.0 设备的实物"ID"编码生成

应用功能编号	YW04	应用功能名称	PMS 2.0设备的实物"ID"编码生成
功能描述	2017年典设内容: PMS 2.0应用实物"ID"生成公共服务组件批量生成存量设备的实物"ID"编码,并提供对应的查看、下载、打印、统计等功能,实物"ID"标签张贴之后,利用移动终端扫描标签信息与PMS 2.0设备台账进行关联。 2019年典设内容: 完成扩展交流一次10类、换流24类、输电9类、配电5类存量设备实物"ID"生成功能,提供实物"ID"查询统计功能,并在设备台账维护、设备台账查询统计页面展示实物"ID"字段信息。 2020年典设内容: 完成交流一次设备、生产辅助设备存量实物"ID"生成功能,并在设备台账维护、设备台账查询统计页面增加实物"ID"字段信息		
涉及系统	PMS 2.0 系统		
参与者	班组成员		
输入数据	设备台账信息		
业务逻辑	在运行维护阶段,设备专责根据规则批量生成实物"ID"编码及对应标签		
输出数据	实物"ID"编码		
前提条件	实物"ID"编码生成规则、标签规范		

应用功能编号	YW04	应用功能名称	PMS 2.0 设备的实物 "ID"编码生成
功能概要	（1）按单位或线站查询设备台账信息（原有 14+2 类设备以及扩展交流一次 10 类、换流 24 类、输电 9 类、配电 5 类设备）。 （2）根据实物"ID"生成规则，生成实物"ID"编码。 （3）按照国家电网公司相关规范制作实物"ID"标签。 （4）现场实物"ID"标签张贴。 （5）在实物"ID"统计分析功能界面，展示新扩展设备已赋码设备、已贴码设备、已盘点设备等信息。 （6）新增设备台账维护功能实物"ID"字段展示功能。 （7）新增设备台账查询统计功能实物"ID"字段展示功能		

（5）设备履历查看试验报告见表 3-32。

表 3-32　　　　　　　　　　设备履历查看试验报告

应用功能编号	YW05	应用功能名称	设备履历查看试验报告
功能描述	2019 年典设内容： 在 PMS 2.0 主站端设备履历中新增试验报告页签，获取设备交接试验报告、安装调试记录、施工质量记录数据		
涉及系统	PMS 2.0 系统、ERP 系统		
参与者	班组成员		
输入数据	实物"ID"		
业务逻辑	通过设备 ID 获取 ERP 推送至 PMS 2.0 系统中的设备交接试验报告、安装调试记录、施工质量记录数据		
输出数据	设备交接试验报告、安装调试记录、施工质量记录数据		
前提条件	ERP 已将试验报告推送到 ODS 中		
功能概要	（1）PMS 2.0 通过设备的实物"ID"获取微应用推送的试验报告数据。 （2）获取的试验报告数据包括交接试验报告、安装调试记录、施工质量记录。 （3）获取到的试验报告在 PMS 主站端设备台账维护 - 设备履历中展示。 （4）PMS 移动端创建台账时，通过实物"ID"获取设备试验报告信息，并在移动端展示，协助现场完成设备台账的创建		

（6）赋码情况分析及统计见表 3-33。

表 3-33　　　　　　　　　　赋码情况分析及统计

应用功能编号	YW06	应用功能名称	赋码情况分析及统计
功能描述	2019 年典设内容： 新增拓展设备类型以电站、线路、设备类型等维度进行赋码情况的分析及统计功能		
涉及系统	PMS 2.0 系统		

应用功能编号	YW06	应用功能名称	赋码情况分析及统计
参与者	班组成员		
输入数据	登录人所属运维单位		
业务逻辑	根据登录人所属运维单位，展示该用户权限下所有设备信息		
输出数据	设备实物"ID"统计结果		
前提条件	符合生码条件的设备类型		
功能概要	（1）按电站、线路、设备类型展示设备台账信息。 （2）根据筛选条件，展示已生成实物"ID"数量、未生成实物"ID"数量。 （3）查看设备详细信息		

（7）基于实物"ID"的设备盘点见表3-34。

表3-34 基于实物"ID"的设备盘点

应用功能编号	YW07	应用功能名称	基于实物"ID"的设备盘点
功能描述	2017年典设内容： 利用移动终端扫描实物"ID"标签与PMS 2.0设备台账的实物"ID"字段进行匹配，记录盘点结果。 2019年典设内容： 移动端设备盘点新增扩展的48类设备类型，通过用户角色和电站/线路的关联关系，按照站线类型，对下属挂接设备进行盘点；同时新增存量设备盘点功能权限限制功能，变电用户展示变电、换流站设备，配电用户展示配电设备，输电用户展示输电设备，并开通输变配一体化权限；另外用户可通过扫描实物"ID"对现场设备进行盘点，并对盘点结果提供修改功能，盘点完成后将盘点结果回传到主站端。 2020年典设内容： 优化完善存量设备盘点功能，实现2019年及2020年新拓展设备类型盘点功能		
涉及系统	PMS 2.0系统、电网资产统一身份编码App		
参与者	班组成员		
输入数据	实物"ID"编码、设备台账信息		
业务逻辑	在运维环节中，设备专责可通过移动终端扫描现场实物"ID"标签并与系统中的设备台账数据进行匹配，根据匹配结果逐一排除并治理有台账清单无设备实物及有设备实物无设备台账清单等不一致情况		
输出数据	实物"ID"编码匹配成功或失败信息		
前提条件	在PMS 2.0主站生成含实物"ID"编码的设备台账列表，纳入了需试点范围的设备种类已张贴实物"ID"标签		
功能概要	（1）利用移动终端获取含有设备实物"ID"编码的设备台账列表。 （2）现场利用移动终端扫描设备实物"ID"标签匹配设备台账列表。 （3）利用移动终端记录匹配状态，并对匹配失败的设备进行修改。 （4）将匹配结果回传到PMS 2.0主站端。 （5）输电班组成员进入设备盘点界面，展示输电设备。 （6）变电班组成员进入设备盘点界面，展示变电、换流站设备。 （7）配电班组成员进入设备盘点界面，展示配电设备。 （8）输变配一体化成员进入设备盘点界面，展示变电、换流站、输电、配电设备。		

应用功能编号	YW07	应用功能名称	基于实物"ID"的设备盘点
功能概要	（9）班组成员通过管辖的变电站或线路列表进入所属设备进行盘点。 （10）班组成员参考信息系统中的设备台账，以现场实物为准对设备进行盘点。 1）台账信息与现场不一致的维护正确的信息。 2）台账冗余的删除设备台账。 3）有物无账的新增台账信息。 （11）盘点完成后返回核查结果到信息系统		

（8）设备类型变更见表 3-35。

表 3-35　　　　　　　　　设 备 类 型 变 更

应用功能编号	YW08	应用功能名称	设备类型变更
功能描述	2019 年典设内容： 　取消充气柜设备类型，按照【充气柜】台账参数字段拓展【开关柜】技术参数，完成充气柜存量数据迁移，将充气柜与开关柜台账合并为开关柜台账		
涉及系统	PMS 2.0 系统		
参与者	班组成员		
输入数据	无		
业务逻辑	【充气柜】与【开关柜】设备台账字段参数进行合并，并将【充气柜】存量数据进行迁移		
输出数据	无		
前提条件	无		
功能概要	（1）新增【充气柜】设备类型配置功能，设置开关，各网省可根据现在实际需求，决定【充气柜】设备类型是否启动。 （2）将【充气柜】与【开关柜】设备台账字段参数进行合并。 （3）开发新功能，将【充气柜】存量数据迁移到【开关柜】中。 （4）冻结【充气柜】设备类型		

（9）设备变更申请单创建见表 3-36。

表 3-36　　　　　　　　　设备变更申请单创建

应用功能编号	YW09	应用功能名称	设备变更申请单创建
功能描述	2019 年典设内容： 　移动端增加变更申请单增、删、改、查等功能。增加设备变更申请移动端审核功能，移动端可以审批设备变更申请单，其中在台账维护环节可通过扫码的方式维护设备台账，最后在移动端终结设备变更申请流程，实现设备台账新增全过程移动端操作		
涉及系统	PMS 2.0 系统、电网资产统一身份编码 App		
参与者	班组成员		
输入数据	登录人"ID"、变更类型、工程编号等		

应用功能编号	YW09	应用功能名称	设备变更申请单创建
业务逻辑	根据用户登录人账号，在移动端创建设备变更申请单，并发起审核流程，同时可对变更申请单进行修改、删除、回退、查看等操作		
输出数据	变更申请单		
前提条件	无		
功能概要	（1）在原设备新增功能基础上开发设备变更申请单新建界面，在移动端展示 PMS 2.0 主站端、移动端的设备变更申请单。 （2）为运检人员提供在设备新增功能中新建申请类型为设备新增的变更申请单，用户通过扫描设备本体上的标签，系统自动填写工程编号，工程名称，电站/线路名称。用户也可根据 PMS 2.0 主站端推送的工程信息筛选工程编号，联动展示工程名称，方便用户后期进行设备同步。同时提供手动输入工程编号和工程名称功能。 （3）开发 PMS 2.0 主站端新建设备变更申请实时同步功能。在移动端设备新增功能中展示 PMS 2.0 主站端中新建的设备变更申请单。 （4）修改：可对新建或开始状态的申请单进行修改。 （5）删除：可对申请单状态为新建或作废进行删除。 （6）流程撤回：对设备变更申请单状态为流程中，流程环节为变更审核的设备变更申请单进行流程撤回操作。 （7）查看详情：查看变更申请单基础信息及流程信息。 （8）作废：用户可对申请单状态为开始的设备变更申请单进行作废操作。设备变更申请单状态为流程作废。 （9）发送：设备变更申请单新建完成后，运检人员发送变更申请单获取 BPM 中审核人员信息，运检人员手动选中审核人员，把设备变更申请单流程推送至变更审核环节，同时推送至移动端变更审核环节，设备变更流程状态更新为流程中，主站端同步进行更新。 （10）申请单为新建状态的单子展示功能为：删除、发送，同时可修改编辑。 （11）申请单为开始状态的单子展示功能为：作废、发送，同时可修改编辑。 （12）申请单为作废状态的单子展示功能为：删除，可查看不可编辑。 （13）申请单位流程中状态的单子展示功能为：流程撤回，可查看不可编辑。 （14）变更审核完成，进入台账维护环节，扫描实物"ID"，获取设备物理参数信息，填写完成运行参数、资产参数，提交至主站端。 （15）新增变更申请单查询界面，展示该账号下已创建的设备变更申请单信息		

（10）供应商物理参数维护质量评价见表 3-37。

表 3-37   供应商物理参数维护质量评价

应用功能编号	YW10	应用功能名称	供应商参数维护质量评价
功能描述	2019 年典设内容： 通过实物"ID"引用了由供应商维护的物理参数后，在台账维护环节如班组成员对设备参数进行了修改，系统自动记录变更信息，并按供应商、设备类型的维度统计供应商物理参数维护质量信息，作为后期供应商评价的参考依据。 2020 年典设内容： 优化设备物理参数供应商维护质量评价功能，新增 2019 年及 2020 年新拓展的设备类型，通过实物"ID"引用了由供应商维护的物理参数后，并进行维护与记录		
涉及系统	PMS 2.0 系统		
参与者	班组成员		
输入数据	设备参数信息		

续表

应用功能编号	YW10	应用功能名称	供应商参数维护质量评价
业务逻辑	创建设备台账时，自动获取设备物理参数信息，可对物理参数信息进行修改，系统自动记录变更信息，并按供应商、设备类型等维度进行统计		
输出数据	供应商参数统计结果		
前提条件	供应商已维护好设备技术参数信息		
功能概要	（1）PMS 2.0 创建设备台账信息，自动带入供应商已维护好的技术参数信息。 （2）班组成员依据现场实物信息对供应商维护的参数进行修改。 （3）修改完成技术参数信息后，系统自动记录变更信息。 （4）根据系统记录的变更信息，按设备类型、供应商等维度进行统计分析		

（11）设备运行管理功能见表 3-38。

表 3-38 设 备 运 行 管 理 功 能

应用功能编号	YW11	应用功能名称	设备运行管理功能
功能描述	2019 年典设内容： 　移动端新增设备运行管理功能，通过扫描和设备名称检索方式查看设备台账详情：包括设备运行参数、物理参数、资产参数及部件附件信息；新增运检信息登记功能，实现缺陷、隐患、故障移动端维护，并提供记录的缓存功能，解决由于现场移动信号差导致数据无法上传主站端的问题；设备履历，可查看设备历史故障、缺陷和检修记录信息；设备异动，以时间轴的方式展现设备新增、投运、退役、调拨及报废的全过程异动信息。 2020 年典设内容： 　优化完善移动端设备运行管理功能，拓展 2019 年及 2020 年新增设备类型		
涉及系统	PMS 2.0 系统、电网资产统一身份编码 App		
参与者	班组成员		
输入数据	实物"ID"		
业务逻辑	班组人员通过扫描实物"ID"，获取设备台账详细信息、运检信息（缺陷、隐患等记录），并调用 ERP 接口，获取设备全生命周期信息		
输出数据	设备台账信息、运检信息、异动信息		
前提条件	设备已生成实物"ID"		
功能概要	（1）台账详情：展示设备运行参数、物理参数、资产参数及部件附件信息。 （2）缺陷登记：由巡视人员通过扫描设备本体 RFID 标签，维护缺陷信息，进行缺陷登记。缺陷登记后，可缓存到终端或直接提交到 PMS 2.0。 （3）隐患登记：由巡视人员通过扫描设备本体 RFID 标签，维护隐患信息，进行隐患登记。隐患登记后，可缓存到终端或直接提交到 PMS 2.0。 （4）设备履历：查看设备在运行过程中出现的缺陷记录、故障记录、检修记录。辅助现场运维人员能够实时掌控设备运行情况，根据运行情况对设备现场出现或即将出现的问题做出预判。 （5）设备异动：基于实物资产在运行维护、退役报废全寿命周期内信息共享与追溯的建设目标，通过实物"ID"，以时间轴的方式展现设备新增、投运、退役、调拨及报废的全过程异动信息，包括设备的第一次投运、退役报废及转再利用转备品备件、二次领用，二次退役报废等各个运行环节中的设备信息		

（12）依据验收清册创建设备台账见表 3-39。

表 3-39   依据验收清册创建设备台账

应用功能编号	YW12	应用功能名称	依据验收清册创建设备台账
功能描述	2020 年典设内容： 移动端（App）：在 PMS 2.0 移动应用中，获取拓展设备类型的验收清册，并对新增设备贴附标签，依据应用的感知层提供扫码识别等功能。在 PMS 2.0 移动应用中，根据扩展的设备类型，提供设备台账创建功能，包括根据实物"ID"自动引用供应商技术参数信息、交接试验报告信息、工程质量信息等结构化数据，实现移动端拓展设备类型的设备新增。 主站端（PC）：在 PMS 2.0 主站端，针对新扩展的设备类型，在设备台账维护环节通过用户选择 WBS 或流水码时，获取核查清册中的实物"ID"信息，并根据实物"ID"自动获取供应商维护的物理参数信息，完成基础台账的创建		
涉及系统	PMS 2.0 系统、ERP 系统、电网资产统一身份编码 App		
参与者	班组成员		
输入数据	验收清册、实物"ID"		
业务逻辑	班组人员根据验收清册获取设备实物"ID"，并依据实物"ID"创建设备台账		
输出数据	设备台账信息		
前提条件	已接收 ERP 推送的包含实物"ID"的验收清册信息		
功能概要	移动端（App）： （1）获取 ERP 推送到 PMS 系统中新拓展设备类型清册信息。 （2）班组人员通过扫描设备实物"ID"自动引用供应商技术参数信息、交接试验报告信息、工程质量信息等结构化数据。 （3）填写剩余参数信息，完成设备台账创建。 主站端（PC）： （1）班组人员现在 WBS 编号或者流水码，选择设备资产清册。 （2）依据资产清册带入清册中包含的实物"ID"，并自动带入供应商已维护完成的物理参数及交接试验报告信息、工程质量信息等结构化数据。 （3）填写剩余参数信息，完成设备台账创建		

（13）仪器仪表赋码见表 3-40。

表 3-40   仪 器 仪 表 赋 码

应用功能编号	YW13	应用功能名称	仪器仪表赋码
功能描述	2020 年典设内容： 移动端（App）：工器具仪器仪表管理模块下增加仪器仪表盘点计划管理，以存放地点为单位，开展基于实物"ID"的移动智能盘点，实现盘点计划制定与下达、盘点任务执行、盘点报告生成、复盘任务下达等功能。将现场实物信息与系统账面信息实时对比，核实账卡物一致情况，实现随时盘点，随时整改，保持资产 100%账卡物一致。 主站端（PC）：针对存量的仪器仪表设备，在 PMS 2.0 电网资源中心–工器具仪器仪表管理–仪器仪表台账管理模块增加"实物"ID'生成"功能菜单，提供存量仪器仪表设备按设备类型、按运维单位等维度单个或批量生成实物"ID"编码、下载、二维码生成及打印功能。在 PMS 2.0 增加仪器仪表实物"ID"统计分析功能，实现仪器仪表设备按单位、设备类型、赋码、盘点匹配率等维度展示不同维度的分析结果，便于仪器仪表工区管理人员更加精确的掌握设备总数量、赋码和贴签等情况		
涉及系统	PMS 2.0 系统、电网资产统一身份编码 App		
参与者	班组成员		

续表

应用功能编号	YW13	应用功能名称	仪器仪表赋码
输入数据	存放地点、实物"ID"		
业务逻辑	移动端：班组人员根据库存地点下发盘点任务，班组人员根据盘点任务对仪器仪表进去盘点，同时根据盘点结果生成盘点报告； 主站端：根据规则单个或批量生成仪器仪表实物"ID"编码，并对实物 ID 进行统计分析		
输出数据	盘点结果、实物"ID"贴码等信息		
前提条件	无		
功能概要	移动端（App）： （1）班组人员根据存放地点生成盘点任务。 （2）实现盘点计划制订与下达、盘点任务执行、盘点报告生成、复盘任务下达功能。 （3）将盘点结果回传到主站端。 主站端（PC）： （1）提供存量仪器仪表设备按设备类型、按运维单位等维度单或批量生成实物"ID"编码。 （2）提供实物"ID"导出及二维码生成及打印功能。 （3）实现仪器仪表设备按单位、设备类型、赋码、盘点匹配率等维度展示不同维度的进行统计分析		

（14）输电运行杆塔赋码改造见表 3-41。

表 3-41　　　　　　　　　　输电运行杆塔赋码改造

应用功能编号	YW14	应用功能名称	输电运行杆塔赋码改造
功能描述	2020 年典设内容： 改造输电杆塔存量设备取值逻辑，将原有输电物理杆塔生成实物"ID"功能变更为运行杆塔生成实物"ID"，并对于原有物理杆塔生成的实物"ID"数据进行处理		
涉及系统	PMS 2.0 系统		
参与者	班组成员		
输入数据	运行杆塔信息		
业务逻辑	根据实物"ID"赋码规则，对输电运行杆塔进行实物"ID"生成，并对原有物理参数已生成实物"ID"进行数据治理		
输出数据	运行杆塔实物"ID"		
前提条件	无		
功能概要	（1）班组人员根据实物"ID"赋码规则生成输电运行杆塔实物"ID"。 （2）修改原有输电物理杆塔取数逻辑，并对已生成的实物"ID"进行处理		

（15）输电线路实物"ID"在运检专业全链路贯通应用见表 3-42。

表 3-42　　　　　　输电线路实物"ID"在运检专业全链路贯通应用

应用功能编号	YW14	应用功能名称	输电线路实物"ID"在运检专业全链路贯通应用
功能描述	2020 年典设内容： 　　进行输电线路实物"ID"在运检专业全链路贯通功能改造，在移动端引用输电设备清册，包含项目信息、坐标、设计编号等信息，同步实现输电清册的在线核查，以及将核查结果返回 PMS 主站端，并通过前台数据导入方式，生成 GIS 图形，并完成实物"ID"的绑定，通过实物"ID"带入输电设备物理参数信息，实现增量输电设备的设备台账创建		
涉及系统	PMS 2.0 系统、电网资产统一身份编码 App		
参与者	班组成员		
输入数据	输电设备清册		
业务逻辑	获取包含项目信息、坐标、设计编号等信息的输电设备清册信息，现场进行核查，并根据核查将核查结果回传到主站端，并通过 Excel 导入方式，生成 GIS 图形，完成实物"ID"绑定，并通过实物"ID"带入物理参数，完成输电设备台账创建		
输出数据	输电设备台账		
前提条件	获取 ERP 推送的输电设备清册信息		
功能概要	（1）PMS 移动端获取 ERP 推送的输电设备清册信息。 （2）根据输电设备清册信息进行现场核查。 （3）将核查结果回传到主站端，并 Excel 方式导入图形端。 （4）根据 Excel 导入的信息生成 GIS 图形，完成实物"ID"绑定。 （5）通过实物"ID"带入物理参数，完成输电设备台账创建		

5. 退役处置环节

在退役处置环节，对子设备（配电杆塔），实现子设备（配电杆塔）退役报废、换新采购、安装交付后，将新增、报废的子设备（配电杆塔）实物"ID"、状态等字段信息发送到 ERP，存储于 ERP 新增主子设备关联落地表中。

对没有继续使用价值的设备，可进行设备报废出入库作业，利用微应用扫描报废物资出入库单据、获取设备报废申请信息，并通过扫描设备实物"ID"标签，核实废旧物资出入库基本信息，完成废旧物资出库作业，并在系统记录实物"ID"。

（1）ERP 接收 PMS 子设备字段信息见表 3-43。

表 3-43　　　　　　　　ERP 接收 PMS 子设备字段信息

应用功能编号	YW16	应用功能名称	ERP 接收 PMS 新增子设备台账信息
功能描述	2020 年典设内容： 　　组装类设备配电线路及杆塔子设备（配电杆塔），实现 ERP 接收 PMS 子设备（配电杆塔）字段信息功能		
涉及系统	ERP 系统		

续表

应用功能编号	YW16	应用功能名称	ERP接收PMS新增子设备台账信息
参与者	班组人员		
输入数据	主设备编码、子设备编码、实物"ID"编码、所属主设备编码、状态		
业务逻辑	对于组装类子设备（配电杆塔），在PMS旧设备报废，新设备创建后，将新增子设备信息传输到ERP，ERP接受新增子设备信息		
输出数据	主设备编码、子设备编码、实物"ID"编码、所属主设备编码、状态		
前提条件	PMS创建子设备（配电杆塔），并将实物"ID"、状态字段信息并发送ERP		
功能概要	（1）ERP新增落地表，接收PMS新增子设备（配电杆塔）实物"ID"、状态等信息。 （2）ERP更新落地表中主/子设备最新的对应关系、设备状态		

（2）ERP更新PMS子设备状态信息见表3-44。

表3-44　　　　　　ERP更新PMS子设备状态信息

应用功能编号	YW17	应用功能名称	ERP接收PMS设备台账报废信息
功能描述	2020年典设内容： 组装类设备配电线路及杆塔子设备（配电杆塔），实现ERP更新PMS子设备（配电杆塔）状态信息功能		
涉及系统	ERP系统		
参与者	班组人员		
输入数据	主设备编码、子设备编码、实物"ID"编码、所属主设备编码、状态		
业务逻辑	对于组装类子设备（配电杆塔），在PMS旧设备报废后，将报废子设备信息传输到ERP，ERP接受并更新报废子设备信息		
输出数据	主设备编码、子设备编码、实物"ID"编码、所属主设备编码、状态		
前提条件	PMS完成组装类子设备（配电杆塔）报废		
功能概要	（1）ERP落地表新增子设备状态字段，可以用以显示子设备（配电杆塔）当前运行状态； （2）ERP在落地表，及时更新PMS传输的子设备（配电杆塔）设备状态		

（3）废旧物资入库管理见表3-45。

表3-45　　　　　　废旧物资入库管理

应用功能编号	TY01	应用功能名称	废旧物资入库管理
功能描述	2019年典设内容： 仓库管理员依据资产报废单位废旧物资移交单，对废旧物资相关功能增加实物"ID"，对有实物"ID"废旧设备，记录实物"ID"编码信息，完成废旧物资入库操作。 2020年典设内容： 按照组装类设备子设备赋码、组装类设备主设备赋码业务情况进行贯通，实现组装类设备报废流程		

应用功能编号	TY01	应用功能名称	废旧物资入库管理
涉及系统	ERP 系统		
参与者	仓库管理员		
输入数据	废旧物料编码、数量、实物"ID"编码、设备编码、资产编码、设备属性（主/子）		
业务逻辑	对于报废设备、资产，有实物"ID"编码废旧物资收货时，必须记录实物"ID"编码		
输出数据	物料凭证编码、物料凭证行项目、工厂、库存地点、实物"ID"编码、移动类型、废旧物资编码、废旧物资描述、入库数量、单位		
前提条件	废旧物资移交单		
功能概要	（1）修改废旧物资入库功能，增加实物"ID"字段、增加"主/子设备"区分字段、子设备所属主设备字段。 （2）退役报废设备入库时，如果设备包含实物"ID"信息，则废旧物资移交单中填写实物"ID"编号、主/子设备标识、废旧物料编码、移交数量、资产描述、资产分类等信息。 （3）支持仓库管理员检查核对废旧物资移交单行项目的实物"ID"信息。 （4）将实物"ID"信息记录到物料凭证实物"ID"编码表中。 （5）组装类设备子设备赋码废旧物资报废，提报退库计划，审批完成后对废旧物资进行鉴定审批，上传至电子商务平台（E-Commercial Platform，ECP）系统进行招标		

（4）废旧物资出库管理见表3-46。

表3-46　　　　　　废旧物资出库管理

应用功能编号	TY02	应用功能名称	废旧物资出库管理
功能描述	仓库管理员在ERP系统中完成废旧物资出库，对有实物"ID"废旧设备，记录实物"ID"编码信息		
涉及系统	ERP 系统		
参与者	仓库管理员		
输入数据	废旧物料编码、数量、实物"ID"编码、设备编码、资产编码、设备属性（主/子）		
业务逻辑	对于报废设备、资产，有实物"ID"编码废旧物资出库时，必须记录实物"ID"编码		
输出数据	物料出库凭证、废旧物资出库单号、出库单行项目、实物"ID"、废旧物资编码、数量		
前提条件	废旧物资实物交接单		
功能概要	（1）修改废旧物资出库功能，增加实物"ID"字段、增加"主/子设备"区分字段、子设备所属主设备字段。 （2）在废旧物资出库环节，仓库管理员检查核对废旧物资实物移交单、废旧物资实物交接单行项目的实物"ID"信息、主/子设备信息。 （3）将实物"ID"信息记录到物料凭证实物"ID"编码表中		

6. 组件

（1）实物"ID"生成公共服务组件（见表3-47）。在生成实物"ID"环节，统一设计开发实物"ID"生成服务组件，部署到各个单位信息系统中，生成符合规范的实物"ID"编码。

表 3—47 实物"ID"生成公共服务组件

应用功能编号	ZJ01	应用功能名称	实物"ID"生成公共服务组件
功能描述	2017 年典设内容： 　依据实物"ID"编码规则要求，开发实物"ID"生成公共服务组件，在生成实物"ID"之后应该具有保存日志管理		
涉及系统	微服务		
参与者	程序调用		
输入数据	公司代码、系统识别码、业务编码、业务描述、生成 RFID 数量（小于 300 个）		
业务逻辑	根据传入的参数，首先校验参数的合法性，校验通过，根据规则生成相应的实物 ID 并返回		
输出数据	状态码、返回消息、实物"ID"集合		
前提条件	各省公司按照自身需求将封装程序包调整，并完成联调测试		
功能概要	根据输入单位消息参数，结合实物"ID"编码生成规则产生对应数量的实物"ID"编码		

（2）标签管理标准服务组件见表 3—48。

表 3—48 标签管理标准服务组件

应用功能编号	ZJ02	应用功能名称	标签管理标准服务组件
功能描述	2017 年典设内容： 调用服务实现标签的信息读取、写入、修改、保存及日志管理的功能		
涉及系统	微服务		
参与者	标签管理员		
输入数据	无		
业务逻辑	（1）通过移动终端读写模块对需要读入的标签进行读卡，读取标签编号和实物编码信息对标签信息进行保存。 （2）通过与实物"ID"接口读取标签的实物编码及实物编码状态，标签管理员对标签编号和实物编码信息进行绑定和存储。 （3）通过标签读写模块读入新标签信息，与旧标签进行更换，标签管理员对新、旧标签信息进行更换存储		
输出数据	标签信息		
前提条件	标签读写模块		
功能概要	（1）利用标签读写模块实现空标签实物"ID"写入。 （2）利用标签读写模块实现实物"ID"标签信息读取。 （3）利用标签读写模块实现实物"ID"标签信息修改		

第四章

基于实物"ID"的全过程
场景设计思路

本章主要讲述了国网重庆电力在实物"ID"应用方面的一些思路设计，主要从业务应用、管理提升、辅助决策三方面展开叙述。业务应用主要从物资专业、建设专业、设备专业、安质专业出发，立足专业应用，讲述了 15 个应用场景；管理提升方面，充分发挥实物"ID"的跨业务系统信息纽带作用，打破专业壁垒、信息孤岛，实现跨专业的业务协同，构建了发展专业、建设专业、设备专业、财务专业主管的 6 个协同场景；辅助决策方面，从安全、质量、成本、效能四个维度出发，构建 15 个辅助决策场景。

第一节　设计思路

随着资产全寿命周期管理体系建设和深化应用持续推进，资产管理水平稳步提升，但各业务环节仍然存在断点，设备全过程履历记录无法实时获取，导致大量信息无法有效利用；同时电网企业的资产密集、资金密集、技术密集属性，决定了资产管理必然是企业精益化管理的基础和重点。随着"云大物移智"等新兴技术在电力行业的应用，如何通过此类技术提升业务水平亟待思考。国网重庆电力组织各专业、单位提出以下思路，并据此完成公司全过程场景思路设计。

（1）在发展、建设、物资、设备、财务和调控等专业管理活动中，开展基于实物"ID"的业务应用，重点围绕规划设计、招标采购、生产供应、安装调试、运维检修等环节现场业务应用，建立人员、设备、装备的互联互通关系，完成全过程原始数据积累，在大幅提升现场作业效率的同时确保业务数据的完整性和可靠性，促进现场作业便捷化、高效化。

（2）充分发挥实物"ID"的信息纽带作用，打通规划设计、物资采购、工程建设、运维检修以及退役处置各环节壁垒，在数据产生环节做好规范性和准确性的源头管控，确保实现数据的上下承接、阶段管控，实现跨专业协同的管理提升。

（3）通过大数据、人工智能等技术分析海量设备运行维护数据（包括设备状态、缺陷、故障、检修等），进行建模和应用分析，利用大数据分析成果辅助科学决策，使得管理理念从传统的"粗放-定性型"上升到先进的"精确-定量型"的方法，实现电网实物资产精益化管理提升。

全过程场景设计思路见图4-1。

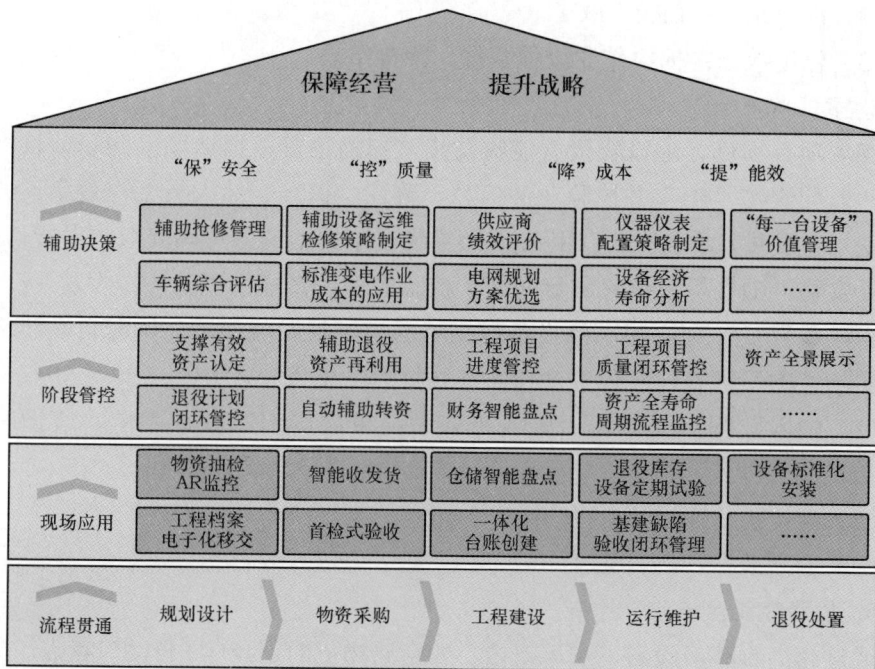

图4-1　全过程场景设计思路

第二节　业　务　应　用

落实电网资产统一身份编码应用成效，扩大业务应用范围，借助"云大物移智"等新兴信息技术，实现资产全过程信息的实时采集和自动生成，让现场数据和信息能在"第一时间""第一地点"被系统直接、准确感知，不断探索实物"ID"对各业务提升的潜在价值，深化实物"ID"专业应用，持续提升资产全寿命周期管理水平。

一、物资专业

1. 物资抽检 AR 监控

应用 AR 技术，采集物资抽检全过程信息，实时监控物资封样与取样过程，对物资抽检过程进行管控。一是运用 AR 技术远程抽检设备，通过扫描实物"ID"标签进行物资抽检作业，记录抽检过程、时间、人员等信息；二是智能识别抽检作业过程中的异常情况，对可能出现的风险进行预警，对违规操作进行告警。

（1）输入数据：抽检物资信息。

（2）涉及系统：ERP、ECP。

（3）输出数据：抽检作业过程数据、抽检结果。

2. 智能收发货

实现项目物资、退役物资智能收发货，扫描物资单据调取采购和项目相关信息，匹配实物"ID"并校验业务信息一致性，提升仓储人员工作效率。一是项目现场收发货，通过移动应用 App 扫描物资单据上的条形码获取收发货信息，与现场实物"ID"标签信息进行匹配，校验成功后完成物资"一步收发"；二是仓库自动收发货，利用超高频设备扫描单据确定收发货信息，同时自动感应范围内实物"ID"标签，校验成功后实现物资自动出入库。

（1）输入数据：交接单、验收单、领料单、废旧物资入库单、废旧物资出库单。

（2）涉及系统：ERP、移动应用 App。

（3）输出数据：物料凭证。

3. 仓储智能盘点

通过超高频感应设备，实现室内、外仓储物资的"异地+自动"盘点，提高仓库管理的工作效率。一是室内盘点，根据盘点周期自动启动库房感应装置，实现异地仓库周期性自动盘点；二是室外盘点，无人机接收下达的盘点任务后，自动识别盘点区域并规划最优盘点路线，实现自动盘点并记录盘点结果，提高盘点效率。

（1）输入数据：盘点周期、盘点任务。

（2）涉及系统：ERP、移动应用 App。

（3）输出数据：盘点结果。

4. 退役库存设备定期试验

基于实物"ID"开展退役库存设备定期试验，实现退役设备试验时间自动提醒，保证退役再利用设备状态良好，并对应报废设备及时清理。一是试验提醒，根据国家电网相关管理要求按设备类型设定退役库存设备的试验周期，自动提醒库存管理人员组织设备试验；二是扫码试验，通过移动扫码获取设备的历史故障、缺陷、试验等数据辅助试验，优化试验方案，合理试验并保存试验结果。

（1）输入数据：设备类型试验周期、实物"ID"编码、试验参数。

（2）涉及系统：ERP、移动 App。

（3）输出数据：试验结果。

二、建设专业

1. 设备标准化安装

一是精确定位，移动获取工程项目的施工设计图形和技术参数信息，通过扫描实物"ID"准确定位具体设备和安装位置；二是标准化作业，便捷调用设备说明书、安装调试大纲，结合设计系统的设备原型设计、设备层级结构图及该设备标准化安装视频手册，为安装过程提供标准化作业参考；三是作业预警，关联工程建设环节的设备缺陷和施工质量事件等历史数据作为安装风险提示，结合视频操作手册完成安装任务，提高安装效率和质量。

（1）输入数据：设备技术参数、施工设计图形。

（2）涉及系统：移动应用 App。

（3）输出数据：安装调试记录。

2. 工程档案电子化移交

通过 OCR、人脸识别等新技术，实现多样化工程资料数据自动录入和电子档案移交，提高工作效率。一是利用 OCR 识别、数据缓存技术，实现安装调试记录、工程试验报告、项目竣工验收报告等工程项目资料的智能采集和在线离线自动录入，建立工程资料与实物"ID"的关联关系；二是利用人脸识别技术，自动识别移交人员并完成电子签名，实现工程建设全过程档案电子化移交。

（1）输入数据：安装调试记录、工程试验报告、项目竣工验收报告。

（2）涉及系统：移动应用 App。

（3）输出数据：安装调试记录、工程试验报告、项目竣工验收报告。

3. 首检式验收

根据变电"五通"要求，在项目竣工验收时，基于实物"ID"完成变电站主变压器、开关柜、组合电器等设备的首检式验收。一是验收标准库建立，针对重要的验收事项，提前建立验收标准库资料，包含设备的附件材料、设备照片等信息，以辅助验收检查工作；二是分专业查看验收项，现场验收人员通过移动终端实时调阅验收标准库的资料，逐项完成设备验收。

（1）输入数据：设备台账信息、验收标准作业卡。

（2）涉及系统：移动应用 App。

（3）输出数据：首检式验收报告、验收设备照片、验收标准库附件。

4. 一体化台账创建

结合国家电网公司电网实物资产新增管理规范、变电验收管理规定的相关要求，将设备新增流程贯穿至变电站基建、技改工程验收的各个主要环节，强化从可研初设到验收转资的承接性。一是移动展示设备的全寿命周期信息，包括项目信息、采购、物理参数、运行信息等；二是根据工程项目盘点清单现场扫码确认设备，完成 14+2 类设备"一键式"批量创建（支持 PMS 非 14+2 类设备、非 PMS 设备台账移动创建），实时同步 PMS 联动生成资产卡片。三是验收"四方"确认后完成电子签名，自动生成"移交清册"作为工程决算依据，实现工程、运检和财务专业的有效协同，确保投入物资、移交实物、投运设备到形成资产间的一致性、准确性和完整性。

（1）输入数据：工程项目盘点清单、物资技术参数。

（2）涉及系统：ERP、PMS 2.0、移动应用 App。

（3）输出数据：设备移交清册、PMS 设备台账、ERP 设备台账、资产卡片。

5. 基建缺陷验收闭环管理

将项目验收环节的基建缺陷与实物"ID"挂接，实现缺陷的闭环管理，保障设备投运时"零缺陷"移交。一是缺陷登记，竣工验收时通过实物"ID"扫码登记设备存在的缺陷信息，填写计划整改完成时间，并同步至 PMS 2.0 系统；二是缺陷处理，项目管理人员在现场消缺处理后，通过实物"ID"扫码上传消缺结果；三是消缺复查，运维人员依据基建缺陷清单开展复查验收工作，扫码完成缺陷关闭。

（1）输入数据：设备台账信息、缺陷记录。

（2）涉及系统：ERP、PMS 2.0、移动应用 App。

（3）输出数据：验收缺陷记录、消缺照片。

三、设备专业

1. 支撑运检业务移动作业

通过移动运检 App 实现巡视、检测结果的现场同步录入，提高一线作业人员工作效率。一是融入国家电网公司变电专业五项通用制度，实现巡视、检测等工作与 PMS 系统数据的实时交互，改变运维、一次检修、高压试验、油化班组现场记录的工作模式，实现现场无纸化作业；二是通过实物"ID"绑定设备缺陷、隐患、故障等历史信息，建立设备履历及大事件数据库，方便运检人员在作业现场实时掌握并调用设备体检报告；三是曲线展示曾经录入的历史检测数据，通过大数据分析技术，将历史最高值、平均值、孤立点作为参考，辅助作业人员准确判断设备健康状况，提升现场作业智能化水平。

（1）输入数据：设备台账信息、设备履历信息。

（2）涉及系统：PMS 2.0、移动应用 App。

（3）输出数据：设备缺陷/隐患/故障记录、设备检测记录、设备检测报告。

2. 移动"两票"应用

一是工作票移动办理，在工作票布置环节利用实物"ID"确认工作地点，防止工作许可不到位、工作人员误入间隔；利用人脸识别技术将现场工作负责人与安监数据库人员作比对，人员信息相符方可开展工作，有效防控工作负责人"挂靠"的安全隐患；运用移动互联网技术，实现工作票许可、变更、终结等状态与 PC 端实时同步，为管理人员即时掌握工作票执行情况提供便利；二是操作票移动执行，通过 PMS 2.0 系统调用操作票典设模板，根据具体操作任务完成开票后同步至移动终端，监护人根据移动终端上的操作指令，逐项完成唱票及语音录入，操作票终结后实时同步 PMS 2.0 系统。

（1）输入数据：操作任务、工作任务。

（2）涉及系统：PMS 2.0、移动应用 App。

（3）输出数据：工作票记录、操作票记录、操作票语音记录。

3. 变电站智能辅助监控系统智能巡检

一是依托实物"ID"建设成果，在变电站智能辅助监控系统中嵌入实物"ID"识别技术，扫描设备的实物"ID"标签确认设备，实现变电站设备数据在巡视界面的悬屏显示，通过智辅系统自动执行巡视后，生成 PMS 巡视报告；二是通过视频图像智能分析采集各仪表数据（如 SF_6 压力仪表）、通过红外热像测温采集设备温度（如隔离开关闸口温度、引线接头温度等），将仪表的读数、设备温度实时回传 PMS 系统；三是实现系统总召功能，PMS 系统定期向智辅系统发送巡视总召要求，智辅系统完成巡视后回传结果，极大地减轻现场运维工作量。

（1）输入数据：现场设备影像信息、设备台账信息。

（2）涉及系统：PMS 2.0、智辅监控系统。

（3）输出数据：巡视报告、设备运行状态信息。

4. 缺陷现场处理及记录反馈

一是运维检修过程中现场开展实物"ID"扫描后，登记发现的设备缺陷信息，根据要求及时发起缺陷审核、消缺处理流程；二是通过移动终端调取设备的技术参数信息以及历史缺陷信息，了解该设备的生命大事记，同时结合本次缺陷，查看同类设备相似缺陷的处理情况，为基层单位消缺处理提供参考。

（1）输入数据：缺陷记录、设备参数信息。

（2）涉及系统：PMS 2.0、移动应用 App。

（3）输出数据：消缺记录、现场消缺照片、缺陷历史记录。

5. 仪器仪表实物"ID"应用

以实物"ID"为设备唯一身份标识，完成仪器仪表设备在规划，采购、检验、报废等各业务环节的数据贯通，实现仪器仪表设备全寿命周期的智能化管理。一是通过分别识别作业人员 ID、被检一次设备实物"ID"和仪器仪表实物"ID"实现工作、人员和设备的挂接，试验结果实时回传 PMS 系统生成报告；二是检测仪器仪表的实物"ID"标签和人员 ID，自动完成设备出入库登记和使用频次统计；三是通过智能货柜的 RFID 感应装置快速完成库存仪器仪表的智能盘点，节省人工记录工作量，提高记录准确性。故障抢修时，通过仪器仪表库存管理模块，快速定位所需装置的可靠存放位置；四是仪器仪表校验周期按年、月预警，在超期设备使用时显示告警提示，督促保管人员安排送检。将仪器仪表送检流程在 PMS 系统和移动运检 App 上固化，由具备资质的人员更新校验时间、校验周期并实时回传校验报告。

（1）输入数据：仪器仪表基础信息。

（2）涉及系统：ERP、PMS 2.0、移动应用 App。

（3）输出数据：试验报告、设备出入库信息、盘点结果。

6. 车辆调度管控

开展基于实物"ID"的车辆调度管控，通过用车需求与车辆、司机等信息关联，实现车辆的精益化管控。一是智能识别 PMS 工作票中的用车需求，自动创建用车申请单；二是系统根据用车需求自动匹配最优车辆和司机，由调度人员进行确认或调整，并将确认结果返回 PMS 与工作票关联；三是出车时通过指纹或人脸识别技术对司机身份进行验证，通过扫描车辆的实物"ID"标签对车辆进行验证，确保人车一致；四是实时跟踪车辆行驶轨迹，精准掌握车辆路径、位置信息，为司机绩效评价和择优提供数据支撑。

（1）输入数据：PMS 工作票、用车申请单、派车计划、司机信息、车辆信息。

（2）涉及系统：PMS 2.0、统一车辆管理平台、移动应用 App。

（3）输出数据：车辆使用记录。

四、安质专业

基于实物"ID"开展安全工器（机）具精细化管控。一是在运维检修工作票生效后，系统自动获取工作票中所需安全工器（机）具清单；二是运维检修人员在领取安全工器（机）具时，通过扫描安全工器（机）具的实物"ID"标签自动判断其型号、参数等信息是否满足本次维修任务的要求，以防范安全工器（机）具领用的错拿、漏拿现象；三是安全工器（机）具的领用及归还记录与工作票建立关联关系，对应还而未还安全工器（机）具，系统自动定期校验提醒；四是基于安全工器（机）具的全生命周期信息贯通，为安全工器（机）具储备、存放位置等决策提供数据支撑。

（1）输入数据：检修工作票。

（2）涉及系统：PMS 2.0、移动应用 App。

（3）输出数据：工器具领取记录。

第三节　管　理　提　升

在实物"ID"现场应用的基础上，积极开展跨专业、跨系统的数据交互和整合，建立实物"ID"与专业的"多码联动"，实现跨专业环节的穿透，转变传统各专业环节独立运作的"孤岛式"管理理念，实现横向到边、纵向到底的数据贯通，挖掘实物"ID"建设价值，确保实现实物"ID"全寿命周期数据的融合贯通、承接共享和应用管控。不断推进业务流程协同、设备寿命周期质量全面管理、设备全寿命周期成本（Life Cycle Cost，LCC）多维精益管理和资产全寿命周期绩效监测控管理，提升公司资产全寿命周期管理水平。

一、发展专业

1. 支撑有效资产认定

根据输配电价改革的内外部形势及有效资产监审的相关制度要求，资产来源项目是否取得政府相关批复，将作为判断是否为有效资产的重要依据。将项目核准获得的项目批复文号、项目代码等信息纳入实物"ID"资产全寿命周期管理，通过实物"ID"与项目编码、资产相关联，为资产来源信息追溯提供立项代码、批复文件、项目、采购合同等信息。

（1）输入数据：项目批复文号、项目代码。

（2）涉及系统：ERP、规划计划系统。

（3）输出数据：资产来源信息。

2. 辅助退役资产再利用

一是打通物资、设备专业现有的可再利用设备资源库，实现跨专业数据共享，并动态变更库存信息，保证库存数据准确实时；二是在规划计划可研阶段，设计人员通过设备的关键技术参数信息，在可再利用设备资源库中进行匹配，根据实物"ID"关联的资产全寿命周期履历信息（原项目信息，设备运行状态）自动过滤出适用的设备，并锁定项目与设备的对应关系；三是项目物资领用时，扫描实物"ID"完成可再利用设备精准匹配。

（1）输入数据：设备运行状态、维修记录、事故发生率。

（2）涉及系统：输变电设备状态监测系统、各专业系统。

（3）输出数据：设备技术选型辅助报告。

二、建设专业

1. 工程项目进度管控

通过实物"ID"获取物资的排产计划、生产周期、到货验收情况，监控设备的现场安装调试信息、项目验收等关键节点的阶段完成情况，与项目里程碑计划进行系统比对，对于存在偏差的事项自动预警提示，生成工程项目的进度日志、进度报告，辅助项目管理人员对项目进度进行远程精细化管控。

（1）输入数据：项目里程碑计划、项目现场进度信息。

（2）涉及系统：ERP、项目管控系统。

（3）输出数据：工程项目的进度日志、进度报告。

2. 工程项目质量闭环管控

一是通过实物"ID"获取同类设备在安装过程中出现的故障缺陷记录、质量事件、典型质量通病、典型工艺缺陷、供应商绩效评价等，结合设备验收标准及可研意见，形成施工质量风险规避方案；二是建立常态风险预控机制，在施工建设过程中，通过实物"ID"将设备与工程质量通知单相关联，实时查询追踪工程质量问题的处理意见、处理进度和处理结果，实现工程质量闭环管理。

（1）输入数据：故障缺陷记录、质量事件、典型质量通病、典型工艺缺陷。

（2）涉及系统：项目管控系统。

（3）输出数据：施工质量风险规避方案。

三、设备专业

1. 资产全景展示及流程管控

一是资产全景展示，以资产全寿命多码贯通数据为基础，通过"一键触发"移动应用 App，随时随地便捷获取实物"ID"的各业务环节全流程信息，在不同应用场景下快速定位实物资产，及时掌握设备的历史及现状；二是关键指标监控，对设备专业重点监控指标进行预警，实现短信及邮件提醒、问题明细数据分发、数据整改帮助等支撑功能，指导业务人员完成数据整改，提升数据质量。

（1）输入数据：多码信息、业务凭证信息。

（2）涉及系统：ERP、PMS 2.0、移动应用 App。

（3）输出数据：设备历史信息、设备现状。

2. 退役计划闭环管控

通过实物"ID"与项目退役资产关联，保证资产在退役环节账卡物一致。一是综合计划下达后，根据项目设备拆除清单系统自动生成年度退役计划，明确设备拟退役时间，处置建议等信息；二是设备拆除后，项目管理单位扫码匹配年度退役计划，发起资产退役申请；三是运维人员组织专家进行技术鉴定，通过扫码现场核验设备，并查阅设备的历史运行记录和维修信息，辅助出具鉴定结果，同时发起相应的处置审批流程；四是仓库管理人员通过扫码匹配退役入库申请，完成退役资产的实物交接和系统入库。

（1）输入数据：项目设备拆除清单。

（2）涉及系统：ERP、PMS 2.0、移动应用 App。

（3）输出数据：入库凭证。

四、财务专业

1. 自动辅助转资

以实物"ID"为纽带，归集设备、材料成本及其他费用，结合财务分摊规则，自动辅助财务转资，提高工程转资准确率和效率，确保账卡物一致。一是确定标准 WBS 架构各层级的资产属性及费用性质，需求提报时自动区分转资标识；二是在设备验收盘点时，由项目管理单位、实物资产管理部门、财务部门、使用保管部门四方通过一体化验收 App 现场扫码，共同确认资产级设备及其附属设备（即主子设备对应关系，包括线材及占比等），创建台账后同步生成资产卡片，实现物料、设备到资产的价值传递；三是提供固化分摊规则和灵活的分摊方式，在分摊转资界面进行费用分摊，生成预转资凭证；四是提供按照结算审定表进行项目决算，对差异数据执行同样的分摊规则进行分摊、过账功能，实现转资进度实时管控。

（1）输入数据：资产及费用 WBS 标志位、设计清册设计信息、采购信息、盘点清单。

（2）涉及系统：ERP、PMS 2.0、移动应用 App。

（3）输出数据：移交清册、设备资产卡片、转资会计凭证。

2. 财务智能盘点

细化财务资产盘点、设备账卡物一致性清查等工作要求，明确划分管理职责，确定系统流程。一是从资产卡片出发生成盘点计划、下达盘点任务，并将其按设备运维班组分发至相应人员，区别以往以设备台账为基准的盘点工作；二是通过扫描或感应实物"ID"编码，直观展示资产卡片信息、ERP 设备台账信息、PMS 设备台账的比对信息，根据与现场实物的核对情况，记录盘点结果；三是通过移动终端在现场完成错误字段的整改，免去了手工抄录、电脑端整改的繁复流程，有效建立财务与实物资产管理部门的衔接机制，实现精准盘点。

（1）输入数据：盘点计划。

（2）涉及系统：ERP、PMS 2.0、移动应用 App。

（3）输出数据：盘点结果。

第四节　辅　助　决　策

基于实物"ID"现有应用成果，进一步扩展应用范围和应用深度，充分利用大数据分析、AI 智能统计等，获取决策关键数据，建立辅助分析体系，实现设备资产在全寿命周期内安全、效能、质量、成本综合最优。

一、"保"安全

1. 辅助抢修管理

一是基于实物"ID"实现了资产全寿命周期信息贯通，在接到抢修任务后，可实时调取故障相关设备的运行状态和维修记录等信息，预判故障性质；二是根据预判结果自动匹配工器具及最近存放地点，实现故障抢修高效响应；三是系统自动规划最优抢修路线，确保运行维护人员在第一时间到达抢修现场，及时开展抢修工作；四是抢修记录基于实物"ID"现场录入，为后期运行维护提供支撑。

（1）输入数据：抢修任务。

（2）涉及系统：PMS 2.0、移动应用 App。

（3）输出数据：设备运行状态、抢修记录、抢修路线、维修指导手册。

2. 辅助设备运维检修策略制定

通过扫描实物"ID"进行设备全寿命周期数据汇总分析，实时掌握设备状态变化，综合环境、运行数据，评价设备当前健康状况并对未来故障发生的风险进行预判，实现巡视、检修工作的科学决策。一是接入输变电设备状态在线监测系统和海量数据平台的准实时数据，为运检人员分析设备状态变化提供依据，为状态评价、故障预测提供数据支撑；二是根据状态评价和故障预测结果出具运维检修建议，为运检工作提供决策依据，辅助用户制订巡视、小修、技改、大修等计划。

（1）输入数据：设备运行信息。

（2）涉及系统：大数据分析平台、海量数据平台、PMS 2.0、输变电设备状态在线监测系统。

（3）输出数据：状态评价结果、故障预测结果、检修计划。

二、"控"质量

1. 供应商绩效评价

通过追溯每台设备的历史信息，应用大数据分析，保证供应商评价的客观性和真实性。一是固化供应商在到货验收、设备投运、运行维护等业务环节中的评价规则，统一各环节的设备质量信息采集标准；二是基于历史供应商评价指标和结果数据，构建大数据分析模型，优化评价指标体系；三是依据供应商综合评分规则，根据不良行为和质量信息数据计算供应商评价得分结果，将综合评分反馈至招标环节。

（1）输入数据：驻厂监造信息、关键点见证报告、出厂试验报告、检测报告、安装调试信息、运行维护信息、安质部质量事件、不良行为记录。

（2）涉及系统：ERP、ECP、全业务统一数据中心。

（3）输出数据：供应商综合评价等级、供应商评价得分。

2. 仪器仪表配置策略制定

一是参考《国家电网公司运检装备配置使用管理规定》的配置要求，综合各级单位（区县公司、车间、班组）运维的一次设备规模、班组人员数量、仪器仪表使用频率等因素，对定额不足的仪器仪表和单位进行自动告警，并对定额配置标准提出增减建议；二是记录仪器仪表新增、出入库、使用、维修、校验、报废等全寿命周期信息，为成本归集提供依据；三是对仪器仪表的使用、维修等情况进行横向对比，指导供应商评价和装置采购。

（1）输入数据：一次设备规模、班组人员数量、仪器仪表使用频率。

（2）涉及系统：ERP、PMS 2.0。

（3）输出数据：增减建议、自动告警。

三、"降"成本

1. "每一台设备"价值管理

一是以实物"ID"为主线，统御设备资产一体化信息标准，以数据中台为载体，贯穿物理设备与资产价值信息链路，实现设备运转、价值流转、信息中转三流合一，在设备资产融合管理层面支撑中国特色能源互联网企业建设；二是基于设备资产信息互联，深化全寿命周期管理，实现设备采购建设、运维检修、退役报废各环节成本自动精准归集，价值实时反映，逐步形成大数据库，为价值挖掘、价值创造奠定信息基础；三是选取关键设备构成资产组，搭建投入产出模型，分析电网资源利用效率、运行效率与经济效益。拓展运用于电价策略优化、项目入库排序、作业标准成本、岗位定员定薪等价值管理领域。逐步实现以资产管理为主线、关联至电价、投资、运维作业、人力资源的智能决策体系；四是应用物元可拓方法、数据特征提取等现代数学技术，深度开展数据挖掘，将价值信息应用于设备供应商选型、检修作业安排、物料需求提报等业务场景，拓展财务信息应用范围，夯实业务财务双向互联，促进业务一线工作质效提升。

（1）输入数据：设备信息、资产价值信息。

（2）涉及系统：ERP。

（3）输出数据：成本自动精准归集、价值实时反映、资源利用效率、运行效率、经济效益。

2. 车辆综合评估

通过实物"ID"的运用，收集车辆在全寿命周期各环节的业务数据，并对数据进行分析应用。一是单车成本归集，归集车辆全寿命周期过程中发生的所有费用（包括燃油费、保险费、路桥费、检测费、保养费、维修费等），为车辆的精益化管理提供依据；二是供应商评价，根据用车过程中反馈的数据（包括车辆维修频次、车辆保养费用、司机车况反馈、用户车辆反馈、车辆油耗、供应商服务等），对车辆质量和供应商进行评价；三是车辆退役报废评估，根据车辆运行过程中产生的数据（包括车辆维修次数、行驶里程、燃油消耗等），建立车辆退役评估模型，优化车辆退役报废机制，提高单台车利用价值，节约成本；四是辅助车辆的合理配置，通过调取大量用车申请单，利用大数据分析技术智能计算出科学的车型配置比例，辅助车辆的采购决策，提高车辆利用率。

（1）输入数据：车辆运行数据、保养数据、维修数据。

（2）涉及系统：统一车辆管理平台。

（3）输出数据：供应商评价结果、单车效益分析报告、车辆退役评估报告。

3. 标准变电作业成本的应用

一是根据历史成本和设备规模情况，分析并量化各类设备年度运检成本占比情况及与年度总运检成本的关系，优化运检成本测算方法，建立标准成本测算模型；二是依据标准成本测算模型，结合设备的增长情况自动预测当前年度的运检成本；三是对各类作业从单次作业成本、作业频率、技术复杂度等方面进行综合对比排序和分析，优化外包策略。

（1）输入数据：各类设备历史年度运检成本。

（2）涉及系统：ERP、PMS 2.0。

（3）输出数据：测算模型、年度运检成本、外包策略。

四、"提"效能

1. 电网规划方案优选

一是以实物"ID"为纽带，打通各专业系统间信息壁垒，自动获取整站整线设备运行数据（设备运行状态、用电负荷等）和电网规划数据（拟建区域最大负荷、规划基础年的电量、经济发展指标、分区负荷、投入产出指标等），为规划方案优选提供基础；二是分析设备运行、用电负荷、资源分配等数据，按照分业、分区、分时进行预测，使线路、变电站等供电设备的规划及建设满足负荷增长的需要，在保证电网安全为前提下，经过全面的经济、技术比较，优选电网规划方案。

（1）输入数据：资源调度、设备运行现状、区域用电情况。

（2）涉及系统：调度系统。

（3）输出数据：电网规划方案。

2. 项目设计方案比选

通过实物"ID"关联历史项目所含设备的全寿命周期成本，分析可靠性、项目投入产出比等信息，结合项目所在地的气候、湿度、海拔等环境因素，形成项目设计方案参考，辅助规划阶段合理选择主接线形式、电气布置形式及通用设计方案（例如：合理选择主变压器，优选 GIS、AIS、HIGS 或者户外独立式敞开设备等），保证项目安全、成本、效能综合最优。

（1）输入数据：全寿命周期成本、设备运行数据、项目投入产出比。

（2）涉及系统：规划计划系统。

（3）输出数据：项目设计比选方案。

3. 辅助设备技术选型

一是分析拟建项目所在地区的温度、湿度、海拔等环境因素，通过实物"ID"获取同类设备的维修记录、运行状态、事故发生率等历史数据，参考同类设备购置均价、全寿命周期成本、可靠性水平、网络损耗水平、输（供）电能力等信息，建立设备技术选型库；二是根据设备关键信息，从安全可靠性、技术可行性、经济合理性、耐用性等方面确定最优的设备选型，包括设备材质、工艺和采用的技术。

（1）输入数据：拟建项目环境因素、同类设备历史数据。

（2）涉及系统：规划计划系统、各专业系统。

（3）输出数据：设备技术选型优选方案。

4. 协议库存精准预测

基于实物"ID"开展协议库存精准预测，应用大数据分析，构建采购预测模型，根据历史采购信息、出入库信息、结合项目的分类，统计历史消耗量，分析物资历史使用信息及其变化趋势，为物资采购决策和制定物资采购计划提供科学的依据，精确预估协议库存采购量。

（1）输入数据：历史采购数据、历史出库信息、综合计划。

（2）涉及系统：ERP、规划计划。

（3）输出数据：历史采购预测分析。

5. 人员绩效评价和精准培训

一是通过实物"ID"记录工作人员的工作轨迹，自动归集员工工作时长、运维检修工作开展前后设备缺陷发生情况，设备主要性能参数变化等数据，基于大数据分析，结合评价工作质量，建立典型工作任务质量评价体系，协助人资部门构建员工岗位胜任能力模型，辅助人员绩效评价；二是通过与标准时长、平均用时等进行比较分析，侧面掌握技能人员操作熟练水平，分析技能短板，总结培训需求，有针对性地展开技能培训，做到有的放矢。

（1）输入数据：人员编号、工作类型、工作用时。

（2）涉及系统：PMS 2.0、人资管控系统。

（3）输出数据：人员绩效评价结果、员工培训策略。

6. 设备经济寿命分析

基于实物"ID"分析设备的原始价值、运维成本、检修成本、故障成本等描绘出设备投资费用曲线和使用费用曲线，并依据设备的技术构成、设备成本、运行时长、操作水平、产品质量、环境要求等影响因素计算设备的经济寿命，辅助确定设备最佳退役时间，优化技改大修策略，逐步实现综合成本最优化及效益的最大化。

（1）输入数据：原始价值、运维成本、检修成本、故障成本、运行时长。

（2）涉及系统：ERP、PMS 2.0。

（3）输出数据：退役时间、大修策略。

7. 辅助退役资产技术鉴定

结合资产全寿命周期管理，探索用 LCC 综合最优的思路辅助技术鉴定科学决策，逐步实现由传统报废标准仅局限于资产的自然寿命和使用寿命，向综合设备状态及安全、成本、效能的量化评价标准转变。一是建立退役资产综合评价体系，通过实物"ID"获取资产全寿命过程数据，从设备稳定性、可靠性、运行效能和成本效益等方面对退役资产进行综合评价；二是通过实物"ID"获取设备的缺陷信息、维修记录，辅助退役资产技术鉴定；三是结合退役资产综合评价结果和技术鉴定结果，制定分层分级的报废策略，如资产曾发生安全事故或存在重大安全隐患则立即报废；资产运维成本过高，超出了经济寿命的最优年限，已经需要高额的费用来支持继续运行，则根据公司管理状况酌情报废。

（1）输入数据：缺陷信息、维修记录、生命大事记。

（2）涉及系统：ERP、各专业系统。

（3）输出数据：技术鉴定结果、报废策略。

8. 支撑项目后评价

基于实物"ID"实现从规划设计到退役处置的全流程业务数据贯通，为项目后评价提供数据支撑。一是获取项目投资规模、年度预算、项目成本、投资回报率等信息，构建经济效益、可持续性评价等分析模型；二是结合项目的实际业务情况，对比分析项目立项时所确定的直接目标和宏观目标，自动判断偏差和变化，得出分析结论，作为项目后评价的重要依据，为后期项目的投资及资产的投运提供有效支撑。

（1）输入数据：项目投入、产出信息、项目目标。

（2）涉及系统：ERP、各专业系统。

（3）输出数据：项目后评价信息。

第五章

实 践 应 用

2018 年，实物"ID"在国家电网公司系统内全面建设和推广应用，公司基本实现了设备全寿命周期上下游的信息贯通和数据共享。但目前，基于实物"ID"的移动应用和数据分析还未广泛深入到规划设计、物资采购、工程建设、运维检修以及退役处置各项管理活动中，数据的积累和应用未成体系，实物"ID"的桥梁优势未完全体现，亟须建立一套基于实物"ID"的全过程、全业务、全场景立体式管理体系，以点带面，促进国网重庆电力资产管理水平进一步提升。鉴于上述原因，国网重庆电力在基于实物"ID"全过程场景设计思路指引下，公司财务专业、建设专业、物资专业、运检专业开发了一批基于实物"ID"的功能应用，提升业务效率。

第一节 智 能 盘 点

电网企业作为资产密集企业，无论资产、规模方面均显得极其庞大，通过对固定资产盘点业务深入分析，发现传统盘点方式存在两大弊端：一是资产清查盘点工作量巨大。公司资产数量大、使用分布范围广，传统线下盘点需要耗费大量人力、物力，耗时较长。二是资产盘点工作流于形式，盘点质量无法保证。由于盘点资产数量巨大，传统盘点方式对设备盘点情况无法监督，漏盘、重盘、多盘情况经常发生，盘点效果不理想，容易造成公司资产信息不真实，账实不符。

将实物"ID"引入到资产智能盘点管理中来，结合实物"ID"现有二维码识别和 RFID 技术应用成果，充分发挥实物"ID"编码的纽带作用，通过实物"ID"关联资产编码、设备编码，通过资产编码关联资产主数据其他字段信息，通过设备编码关联设备主数据其他字段信息，通过 PMS 与 ERP 系统的账卡物一致性平台关联 PMS 系统设备主数据的其他字段信息。智能盘点通过移动终端现场快速扫描实物"ID"编码，移动智能盘点终端上开展 App 盘点模块，依据分发的盘点清单，通过扫描现有实物"ID"二维码和 RFID 标签，实现清单与实物的自动匹配功能，实现资产智能盘点。

一、系统功能

1. 盘点计划管理—创建盘点计划

由实物管理部门在 ERP 系统中制订详细的盘点计划，明确盘点时间安排、盘点范围、盘点参与人员等信息，创建盘点计划，自动生成盘点计划编号。新建盘点计划见图 5-1。

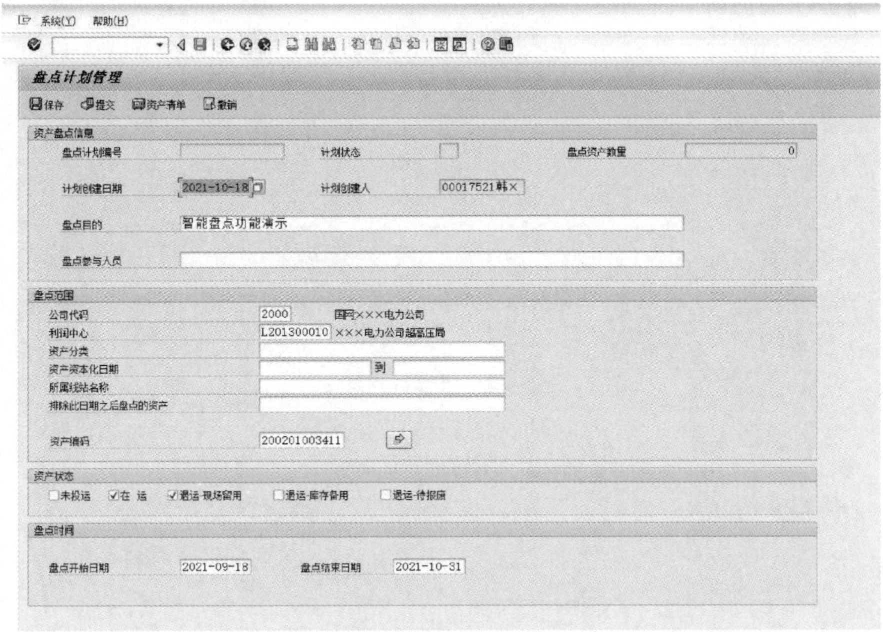

图 5-1　新建盘点计划

2. 盘点计划管理—修改盘点计划

在盘点任务未下达前，可以对盘点计划进行修改、撤销。修改盘点计划主界面如图 5-2 所示。

3. 盘点计划管理—查询盘点计划

对已经保存的盘点计划支持查询功能，点击盘点计划编号，可以自动跳转至盘点计划查询界面，见图 5-3。

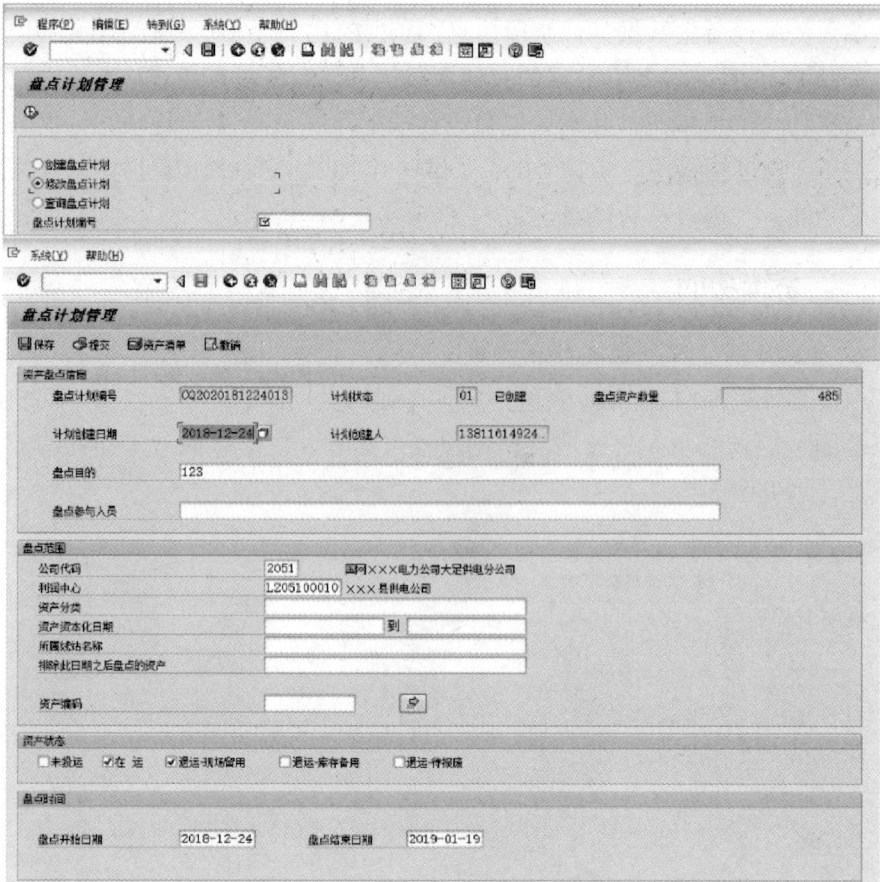

图 5-2　修改盘点计划

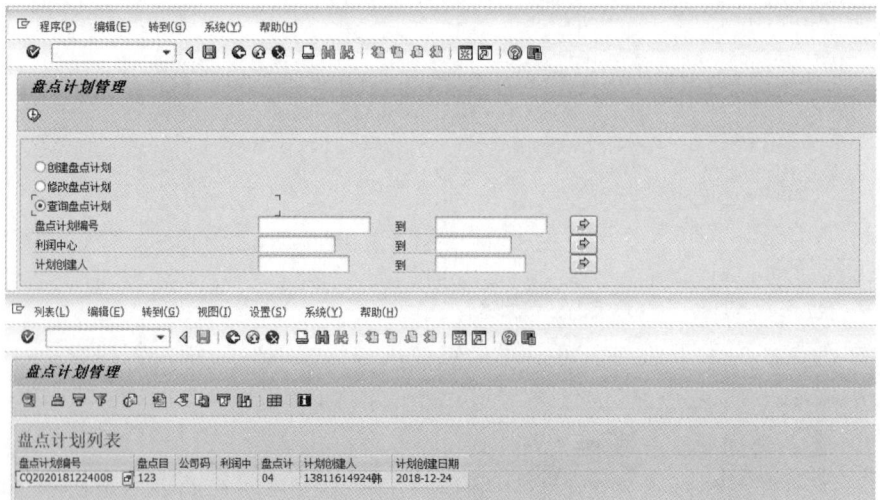

图 5-3　查询盘点计划

4. 盘点任务管理—创建盘点任务

在固定资产盘点实施阶段，实物管理部门需在 ERP 系统中根据盘点计划分配盘点任务并生成固定资产盘点清单，盘点人员根据分配的盘点任务下载相应固定资产盘点清单，作为实施实物盘点的依据。盘点任务创建界面可灵活性地选择输入参数，如可按照设备分类、电压等级、功能位置、使用保管部门、使用保管人等盘点参数自动将盘点计划分配成盘点任务，自动生成具体的盘点清单，盘点人员可根据盘点任务单下载盘点清单。固定资产盘点清单应检查是否缺少设备资产对应关系，或对应关系不全，应进行补充完善。输入盘点任务参数，点击"生成盘点任务"按钮，自动按照盘点参数将盘点计划拆分成盘点任务，形成盘点清单，见图 5-4。

图 5-4 创建盘点任务

5. 盘点任务管理—修改盘点任务

在盘点任务未分发前，可以对盘点任务进行修改，见图 5-5。

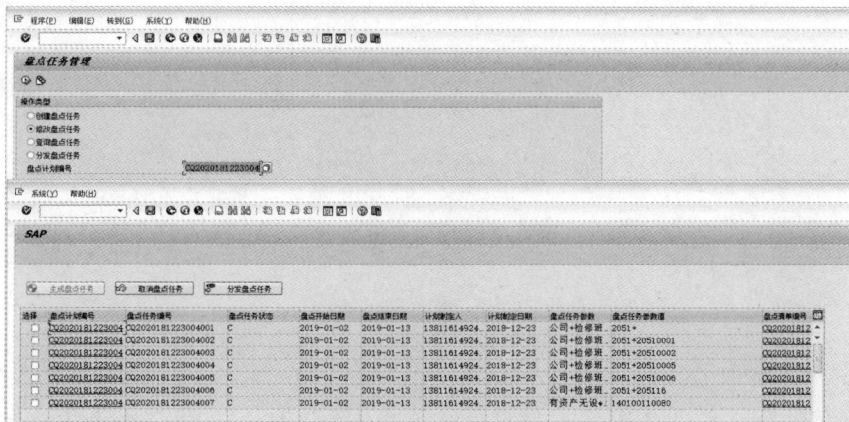

图 5-5 修改盘点任务

6. 盘点任务管理—分发盘点任务

分发盘点任务将生成的盘点任务单通过接口自动分发至移动智能盘点终端App 盘点模块中，见图 5-6。

图 5-6　分发盘点任务

7. 盘点任务管理—查询盘点任务

可以在查询盘点任务按照盘点计划或盘点任务单下载盘点清单，见图 5-7。

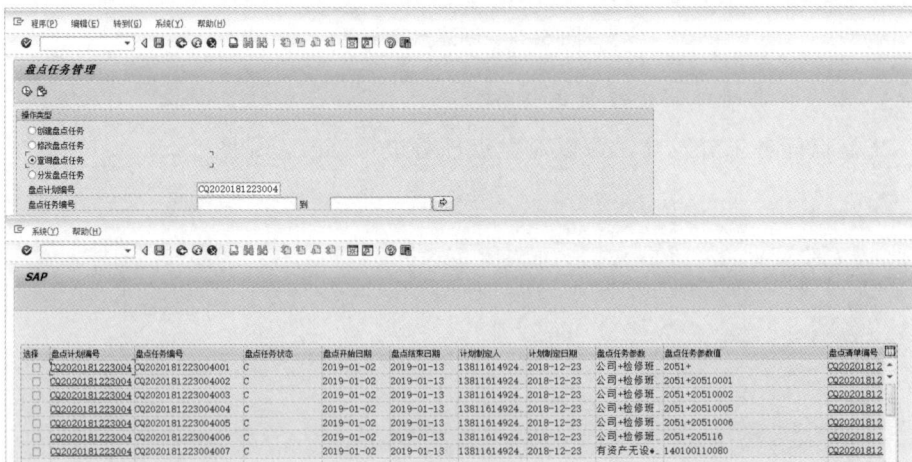

图 5-7　盘点任务查询

8. 盘点结果管理—上载盘点清单

从移动智能盘点终端 App 将盘点结果回传至 ERP 后，可以查询盘点结果，同时支持盘点人员将盘点结果通过 Excel 形式上传至 ERP 系统。

9. 盘点结果管理—盘点结果查询

从移动智能盘点终端 App 将盘点结果回传至 ERP 后，可以查询盘点结果。在盘点结果查询界面，支持盘点结果下载功能，见图 5–8。

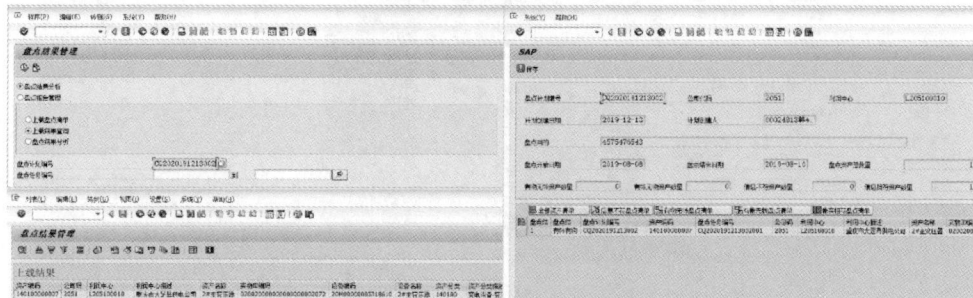

图 5–8　盘点结果查询

10. 移动智能盘点 App—资产智能盘点

点击"资产智能盘点"，进入 ERP 系统按所属线站、设备类型、实物管理部门等维度分发的盘点清单界面，见图 5–9。

图 5–9　资产智能盘点

11. 移动智能盘点 App—查找并选择需要盘点的任务单

查找并选择需要盘点的任务单，进入盘点清单界面，使用二维码扫描，进行现场盘点，见图 5–10。

图 5-10　盘点过程

12. 移动智能盘点 App—自动匹配功能

扫描后，进行自动匹配，弹出对话框，记录匹配结果：1—账实一致、2—有账无物（盘亏）、3—有物无账（盘盈），见图 5-11。

图 5-11　匹配结果

13. 移动智能盘点 App—无实物"ID"标签资产匹配

无实物"ID"标签的资产，需要按照实际盘点情况，在 App 选择盘点结果。

14. 移动智能盘点 App—现场整改

盘点过程中发现设备台账等信息与实际信息不符时，可通过移动终端对设备信息进行修改，修改信息回传 PMS 2.0、ERP，确保信息系统、现场信息一致性，见图 5-12。

图 5-12　现场整改

二、应用成效

自智能盘点应用以来，公司严格按照《国家电网有限公司固定资产管理办法》（国家电网企管〔2020〕763 号）和《国家电网有限公司电网实物资产管理规定》（国家电网企管〔2019〕429 号）要求，将固定资产盘点业务流程落实到关键节点，实现了资产价值流、实物流、信息流的融合与贯通。强化了前端实物管理部门与财务部门业务协同，实现资产盘点的全过程管理，进一步提升资产全生命周期管理水平。

第二节　整站整线自动辅助转资

"十三五"期间，公司以智能运检技术发展规划为指导，以物联网、移动互联、云计算、大数据等现代信息网络技术为依托，构建了电网资产统一身份编码、设备（资产）运维精益管理系统（PMS 2.0）、电网运检智能分析决策系统、变电运检管理平台、环境监测和智能巡检支撑系统。初步实现了运维检修全过程精益化管理和电网资产的全寿命周期管理，提高设备状态管控力和运检管理穿透力，支撑智能运检工作的"变电五通"及"主动预警、智能决策、自动巡检、智能管控"等功能，具备电网资源数据、设备资产数据的服务能力。

通过多年的电网资产统一身份编码建设，已初步实现实物"ID"在规划计划、物资采购、工程建设、运行维护以及退役处置等业务环节的贯通。下一步将以新建变电站为研究对象，梳理物料、设备和资产对应关系，分析站内交直流一次设备、辅助设备、消防设备等赋码颗粒度、赋码环节、赋码要求等，实现新建变电站整站增量实物"ID"赋码及自动转资。

一、系统功能

1. 提报设备材料清册

设计单位在施工设计过程中，已经明确工程所需材料清单。设计人员在提报设备材料清册微应用中提报材料时，非组装类设备，需要按实际情况维护物料对应的需求数量、评估价；组装类设备，按最终形成的设备数量填写实物"ID"数量（见图 5-13），并按需完善设计明细信息，保存、提报后数据通过接口程

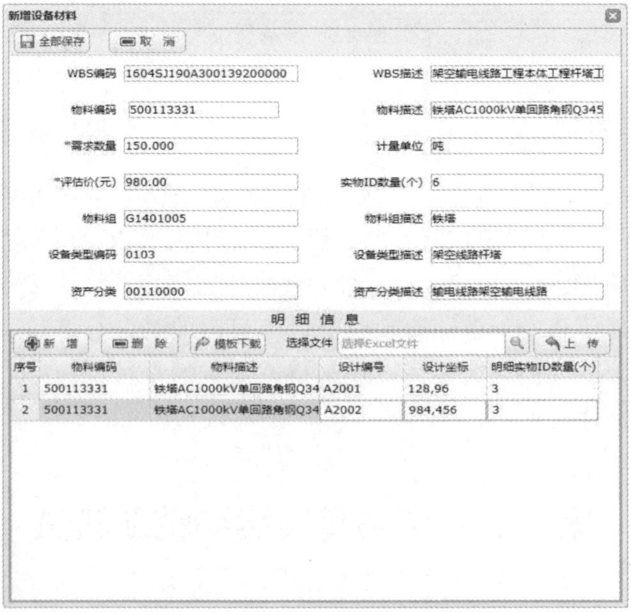

图 5-13　在提报设备材料清册填报最终实物"ID"数量

序传输到 ERP 系统。同时，微应用实现了项目管理人员对所管项目的设备材料清册提报进度查询、汇总、分析；微应用还提供了设备材料批量上传功能（见图5-14），支持用户快速、批量导入设备材料清册。

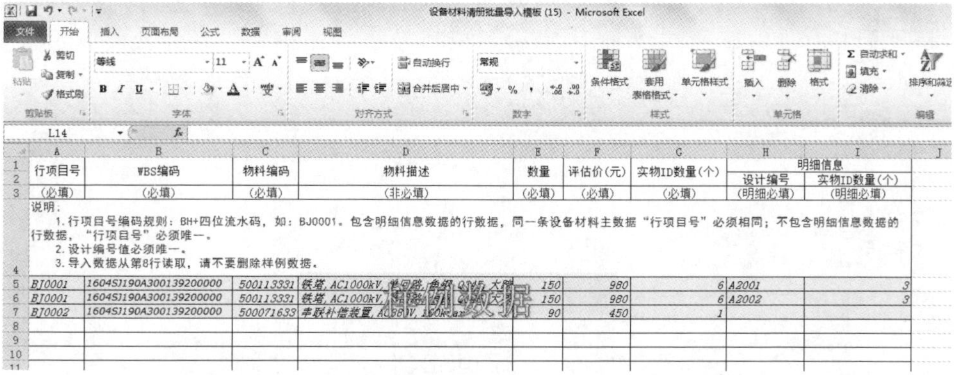

图5-14　设备材料清册批量导入模板—表样

2. 物资采购需求提报

通过 ERP 系统项目物资采购需求提报功能获取设备材料清册数据，填报交货日期、交货地点等信息，执行提报数据的正确性和完整性检查，单击创建采购申请按钮，完成采购申请创建并回传采购申请信息至微应用对应设备材料清册，见图5-15。

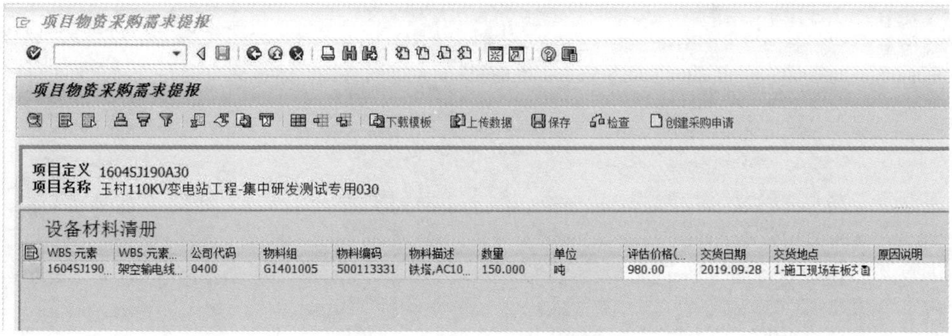

图5-15　项目物资采购需求提报

3. 批次采购物资

（1）批次采购物资物料设备一对一关系的实物"ID"生成（见图5-16）。ERP 系统物资采购订单生效后，执行实物"ID"生成程序，调用实物"ID"生成微服务组件，按照采购订单数量生成实物"ID"编码。

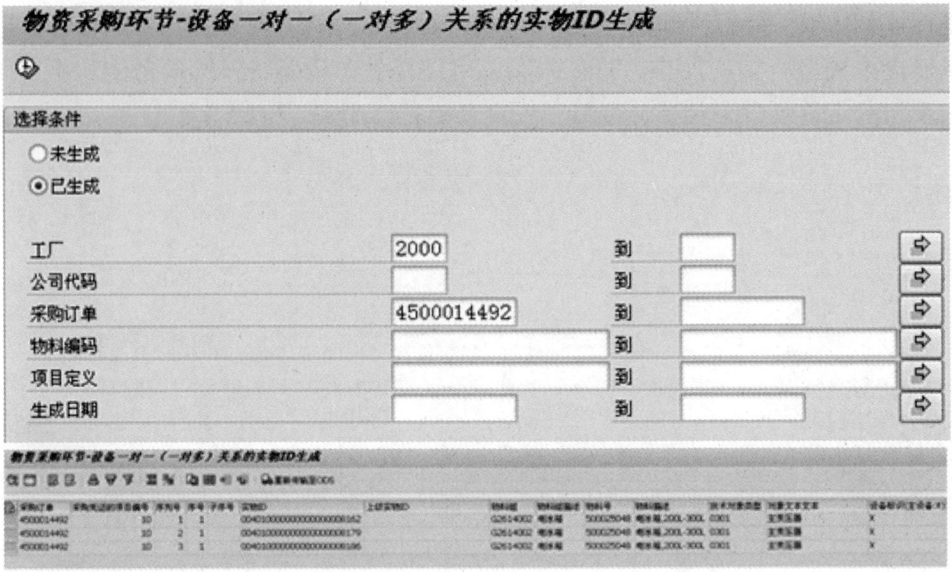

物资采购环节-设备一对一（一对多）关系的实物ID生成

选择条件

○ 未生成
◉ 已生成

工厂		2000	到	
公司代码			到	
采购订单		4500014492	到	
物料编码			到	
项目定义			到	
生成日期			到	

图 5-16　物料设备一对一关系的实物"ID"生成

（2）批次采购物资物料设备一对多关系的实物"ID"生成（见图 5-17）。物料与设备存在一对多关系时，需在物资采购订单生效前按照一对多拆分规则在 ERP 系统维护一对多拆分规则表。

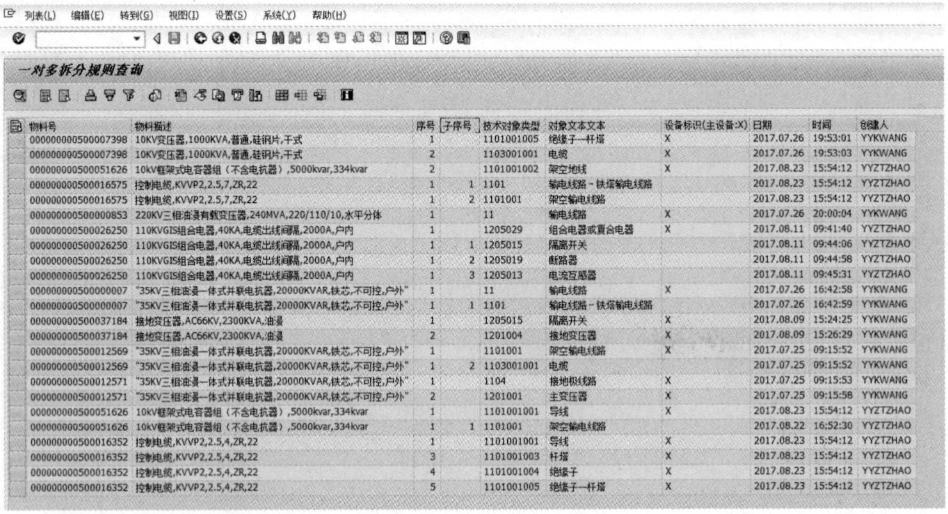

图 5-17　一对多拆分规则表

物资采购订单生效后，执行实物"ID"生成程序，调用实物"ID"生成微服务组件，按照物料与设备一对多的对应关系生成实物"ID"编码，见图 5-18。

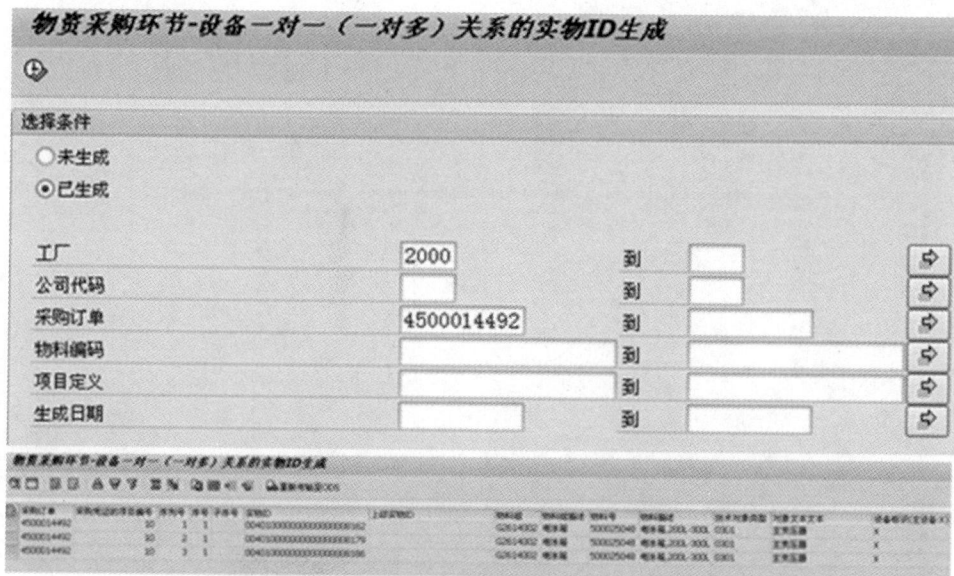

图 5-18 物料设备一对多关系的实物"ID"生成

（3）批次采购物资物料设备多对多关系的实物"ID"生成。

多对多关系是指类似钢材、导线等不能按照采购单位生成实物"ID"编码数量的组装类设备物料，例如：采购 100t 钢材，需要生成 6 个实物"ID"编码。

物料与设备存在多对多关系时，需在物资采购订单生效前在 ERP 系统维护实物"ID"启用配置表，确认该物料是否已维护"是否启用拆分""是否维护明细"信息，见图 5-19。

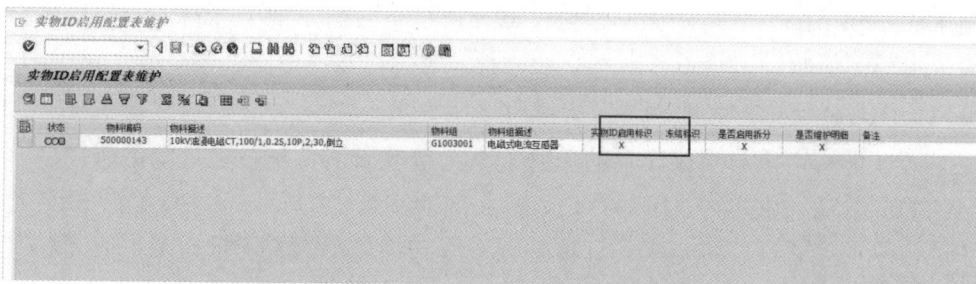

图 5-19 实物"ID"启用配置表

在物资采购订单生效后，执行实物"ID"生成程序，调用实物"ID"生成微服务组件，按照采购订单行项目的"实物 ID 数量"生成相应数量的实物"ID"编码，见图 5-20 和图 5-21。

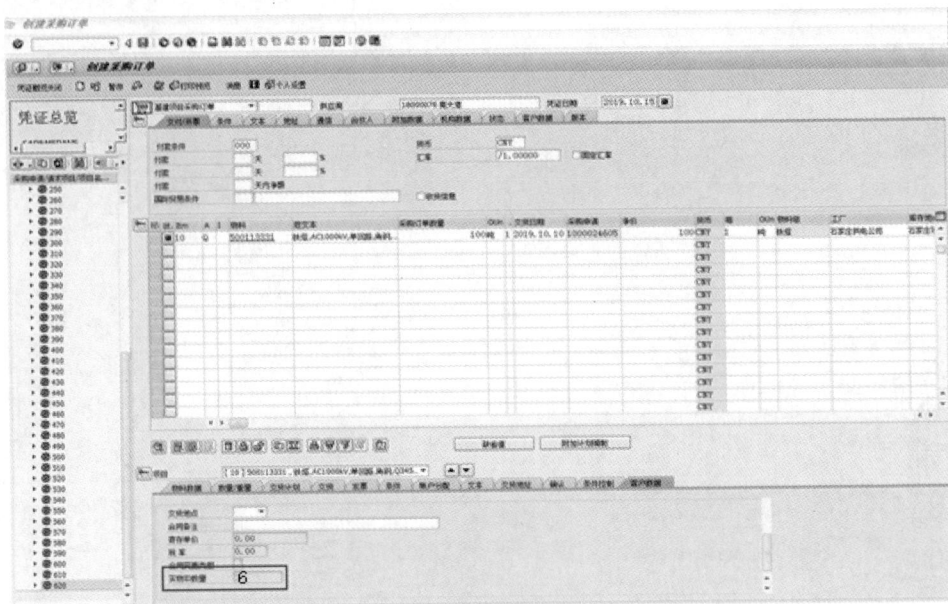

图 5-20 采购订单

图 5-21 物料设备多对多关系的实物"ID"生成

（4）协议库存。按照协议合同中采购物资预估使用情况，在 ERP 系统设定预生成实物"ID"数量的比例，协议库存审批生效后，调用实物"ID"生成微服务组件，按照物料与设备一对一、一对多等关系及设定比例预生成实物"ID"编码，实现协议库存采购物资源头赋码。

通过采购订单与协议库存的关联关系，按照采购订单行项目数量或行项目"实物 ID 数量"将实物"ID"落地表预生成的实物"ID"与采购订单在 ERP 系统进行手动关联，将绑定采购订单的预生成实物"ID"重新推送至供应商获取实物 ID 编码及标签制作规范微应用和物资技术参数维护管理微应用。

（5）服务类采购设备。对于按照服务合同采购的设备（例如主控楼）无法在采购阶段进行赋码，建议在工程投运前交接验收环节进行赋码，详见相应典设"4.3 工程建设阶段生成工程验收现场盘点清单功能介绍"。

4. 供应商获取实物"ID"

供应商通过供应商获取实物"ID"编码及标签制作规范微应用获取协议库存预生成实物"ID"标签信息或采购订单生成实物"ID"信息，完成 RFID 标签制作，在出厂前完成物资技术参数录入和 RFID 标签、一体化二维码铭牌的安装，见图 5-22。

图 5-22 供应商获取实物"ID"编码及标签制作规范

5. 物资技术参数维护管理

（1）供应商通过物资技术参数维护管理微应用获取扩展设备实物"ID"、采购订单、物料编码、设备类型等字段信息，查询对应的设备并在出厂前完成设备及附件部件技术参数信息维护、提报，见图 5-23。

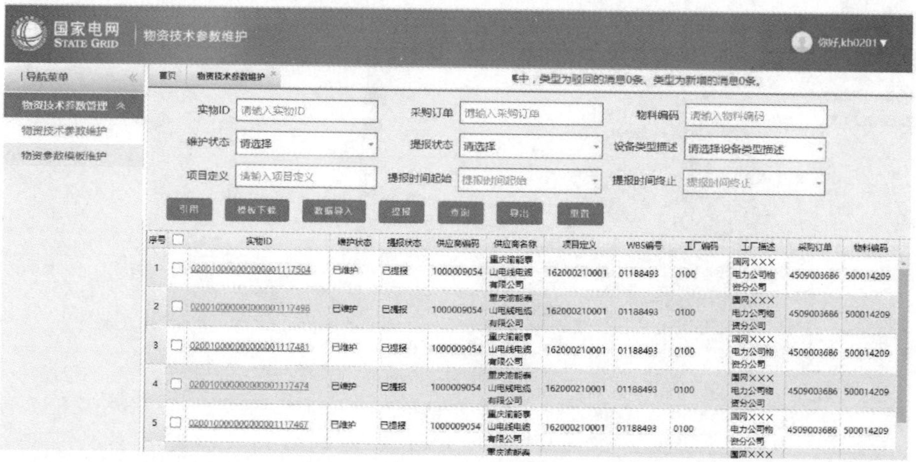

图 5-23 物资技术参数维护、查询、提报

（2）供应商可通过查询条件进行单量、批量查询、汇总项目数据维护进程，

实现未提报、已提报数据的数量汇总以及设备分类数量统计，便于实时、快速维护、提报技术参数信息，见图5-24和图5-25。

图5-24 参数维护进度查询

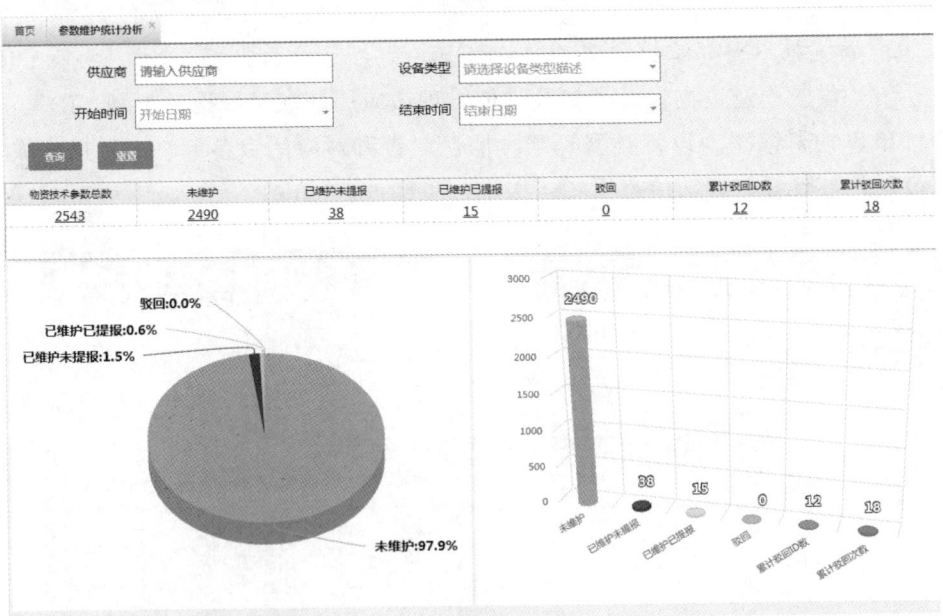

图5-25 参数维护统计分析

6. 物资交接验收入库

（1）PC端。供应商履约时，将物料与实物"ID"标签一起送到现场。

1）物资交接、验收业务环节，对于启用实物“ID”编码的采购订单，在ERP系统提交交接、验收信息时会弹出实物“ID”窗口，见图5-26。

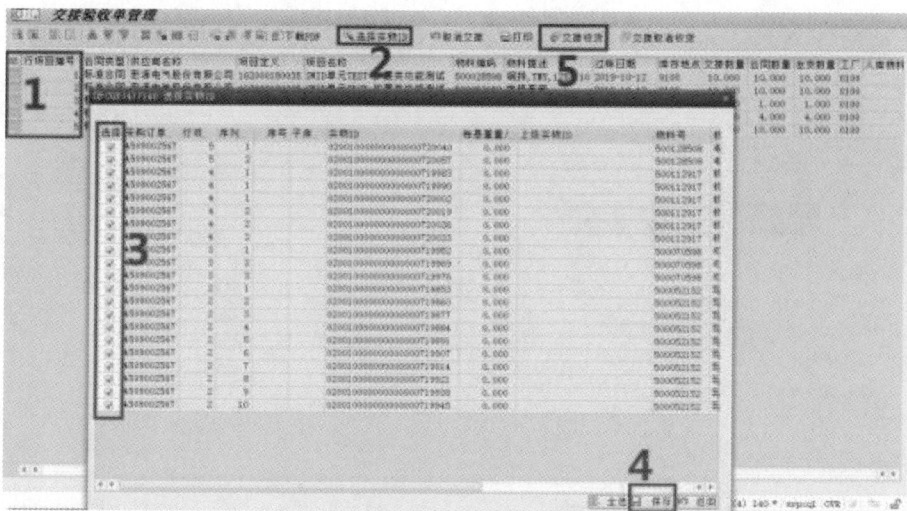

图5-26 物资交接选择实物“ID”

2）根据供应商提供的实物“ID”标签，勾选对应实物“ID”，完成“ID”标签及数量的核实工作，全部勾选完成后点击确定即可过账，生成交接、验收的物料凭证，如部分勾选，则提示：“实物‘ID’数量与物资交接/验收数量不一致”，不允许过账。

（2）移动端。移动作业端扫描实物“ID”，进行货物交接、验收。

1）扫描交接/验收单后，物资交接/验收提交页面获取货物交接单信息，见图5-27和图5-28。

货物交接单

货物交接单号 0090000000000000000005　采购订单号 4500047798

合同编号：		HE20171124001		供应商：		江苏××电气有限公司		
项目单位：		物资分公司		项目名称：		国网×××电力公司物资分公司		
供应商联系人/电话：		刘××/13×××××××××		承运人/电话：		刘××/13×××××××××		
收货联系人/电话：		赵××/13×××××××××		交货地点		施工现场		
序号	物料描述	单位	合同数量	发货数量	交接数量	预计发货期	预计到货期	实际交货期
1	交流避雷器，AC500kV，420kV，瓷，1011kV，不带间隙	台	1.000			2012-12-15	2012-12-15	
包装件数	60	规格	套	备注				
发货方：（签字/时间）				收货方：（签字/盖章/时间）				

图5-27 货物交接单

2）扫描实物“ID”点击确认后，“实际交货数量”按照扫描到的实物“ID”

进行统计累加，该交接/验收单下所有的实物"ID"扫描确认完成后，才允许提交，见图5-29。

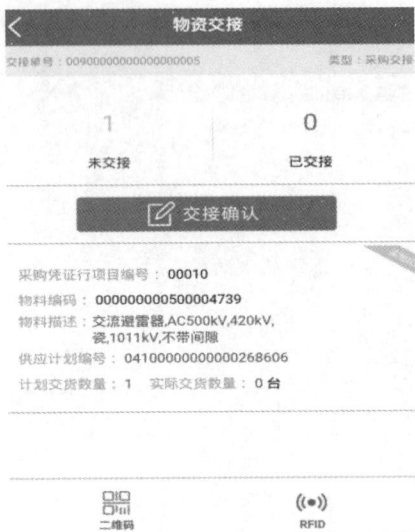

图5-28 扫描并获取交接单信息

图5-29 扫描实物"ID"

3）点击提交时，如果"计划交货数量"等于"实际交货数量"，才允许提交，否则提交失败，并提示："实际交货数量与物资交货数量不一致"，见图5-30。

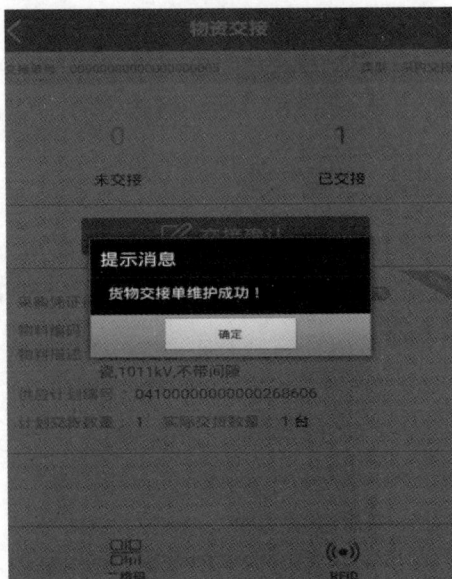

图5-30 物资交接成功

7. 物资出库

PC 端：

（1）物资出库业务环节，点击过账时，弹出实物"ID"勾选窗口，列出符合条件的实物"ID"清单。

（2）勾选对应实物"ID"，完成实物"ID"标签及数量的核实工作，勾选完成后点击确定即可过账，生成出库物料凭证，见图5–31。

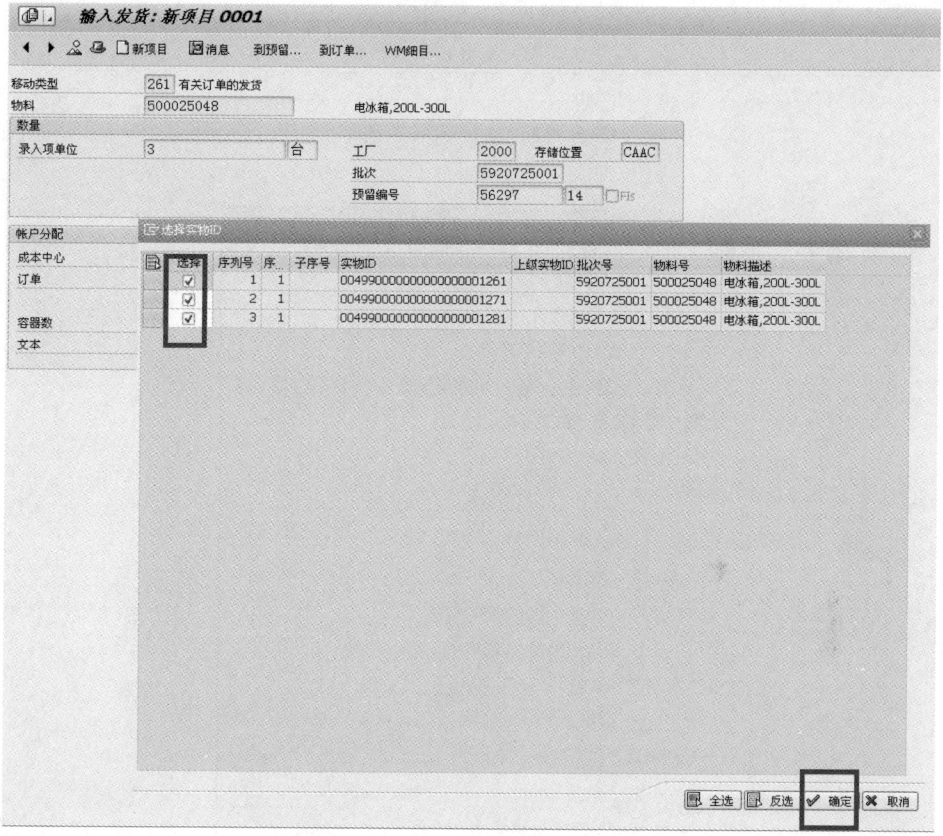

图 5–31　物资出库选择实物"ID"

8. 物资出库（移动端）

移动作业端扫描实物"ID"，进行物资出库业务。

（1）扫描领料单后，物资出库提交页面获取领料出库单信息，见图5–32和图5–33。

（2）扫描实物"ID"点击确认后，"实发数量"按照扫描到的实物"ID"进行统计累加，点击提交完成物料出库，生成出库物料凭证，见图5–34。

物资领料申请单

预留号码：
0000396980

工程/工单编号：1604SJ17YC020122111140　　　　　　　制单日期：2017-11-24

工程/工单描述：国网×××电力公司物资分公司 110kV 输变电工程　　　领料单位：
实物 ID 集成测试项目（请勿占用）-110kV避雷器-

预留号	行号	物料编码	物资名称	WBS元素	单位	数量	备注
396980	5	500004739	交流避雷器,AC500kV,420kV,瓷,1011kV,不带间隙	1604SJ17YC020122111140	台	1.000	

项目负责人：	领料单位负责人：	领料人：	共页　第1页

图 5-32　物资领料申请单

图 5-33　扫描领料单获取出库信息

9. 物资技术参数维护管理

（1）内网 App。

1）根据工程完成情况，项目经理实时检索项目实物"ID"组装类设备参数维护进度，通过手持设备扫描二维码或者 RFID 获取统一身份编码信息，见图 5-35。

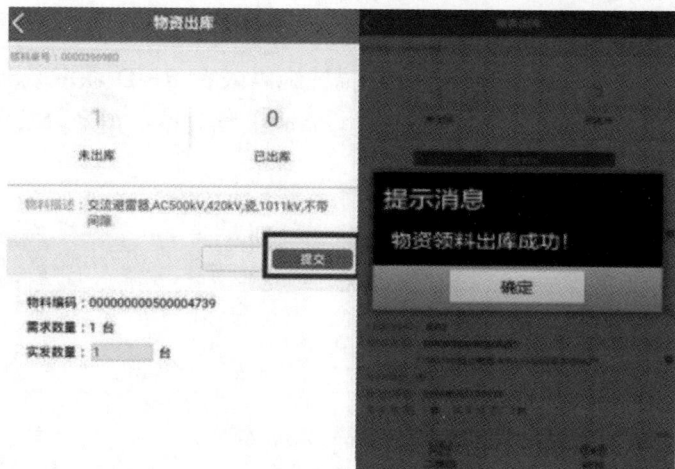

图 5-34　物资出库提交

2）在扫描结果列表界面，通过不同的图标状态分别进入参数信息查看界面以及参数信息维护界面，参数维护完成后可进行提报操作，将设备参数数据推送至数据中台，见图 5-36。

图 5-35　手持设备扫描二维码或者
RFID 获取统一身份编码信息

图 5-36　参数信息查询、维护、提交

（2）内网 PC 端。

1）工程现场人员通过手持设备扫描二维码或者 RFID 获取统一身份编码信息后，也可以在内网 PC 端根据数据状态完成组装类设备技术参数维护、提报，见图 5-37。

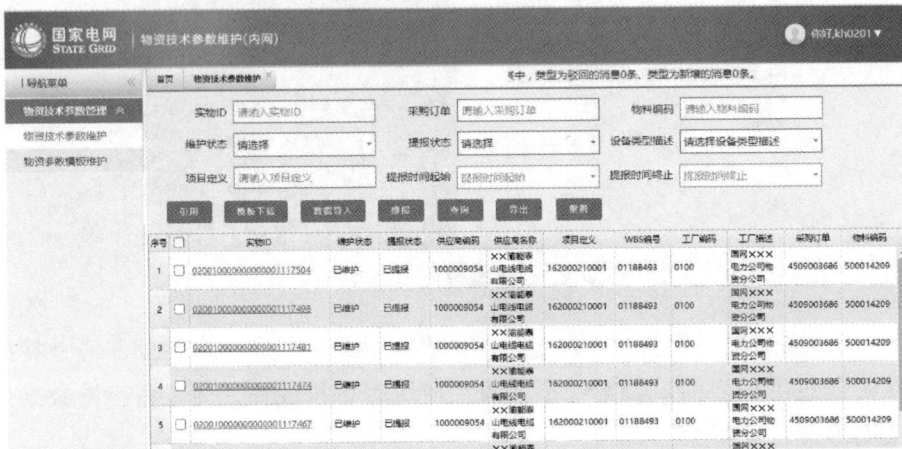

图 5-37　设备技术参数查询、维护、提报

2）用户可通过查询条件检索、汇总项目数据维护进程，实现未提报、已提报数据的数量汇总以及设备分类数量统计，以便用户实时、快速维护、提报技术参数信息，见图 5-38。

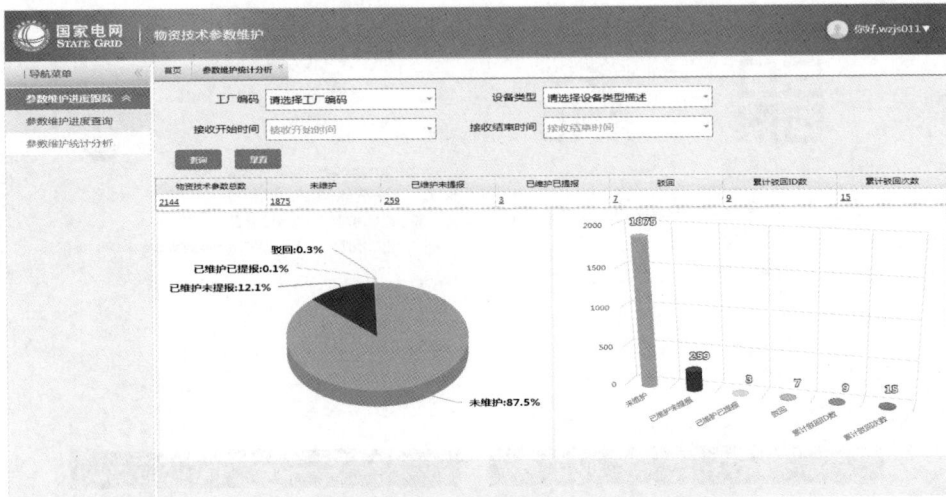

图 5-38　参数信息统计分析

10. 工程建设数据录入

系统设备类型表增加扩展设备类型，设备出库完成后，由建设单位在基建工程现场完成设备的安装及调试工作，同时登录微应用录入扩展设备的安装调试记录及施工质量记录，见图5-39和图5-40。

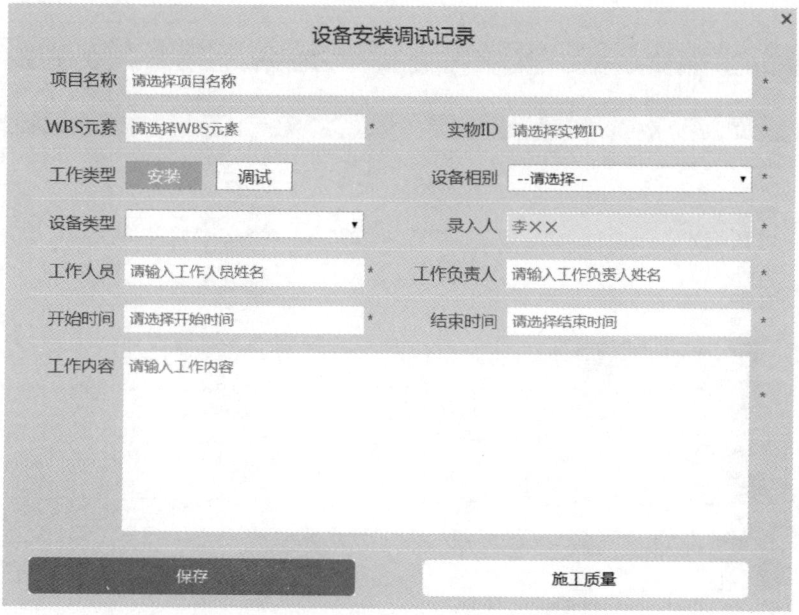

图 5-39 安装调试记录录入界面

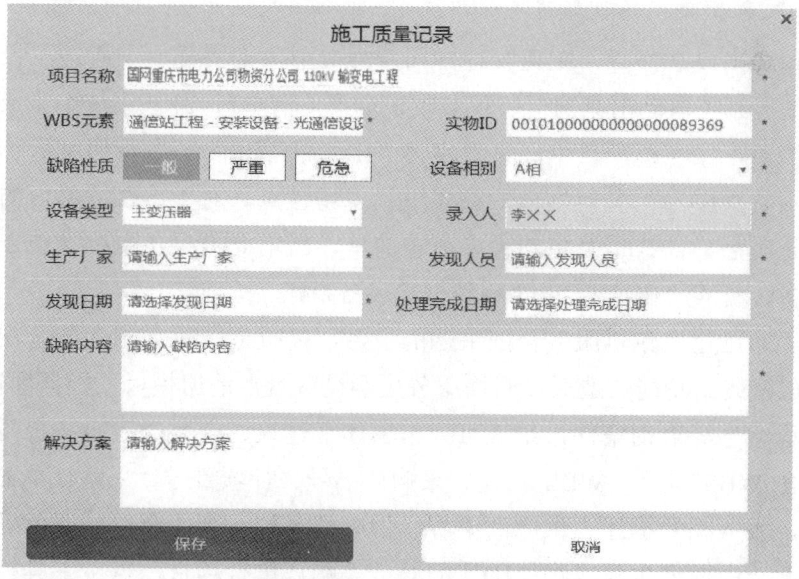

图 5-40 施工质量记录录入界面

获取 PMS 扩展设备类型试验模板，设备安装完成后开展交接试验工作，登录微应用填写扩展设备实物"ID"，选择试验专业、试验性质、设备相别、交接试验模板、试验项目生成试验报告，完成试验结果录入，并将试验报告提交审核，见图 5-41。

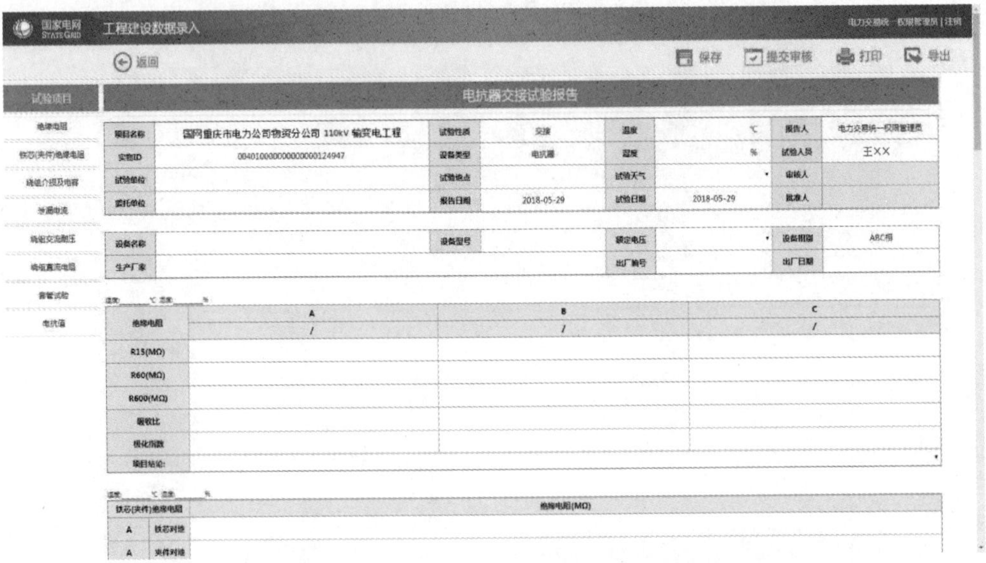

图 5-41　试验报告录入界面

11. 工程验收现场盘点清单

工程竣工投产当月，工程管理部门及时向财务部门提交工程竣工投产通知书，并依据系统自动出具的《工程验收现场盘点清单》，ERP 系统中生成验收现场盘点清单，按工程项目生成包含实物"ID"的站内物资发货明细清单，依据清单的实物"ID"信息对站内的物资进行现场盘点，对于不在清单内的设备核实信息正确后，需改造及更新设备盘点清单，新增此类设备赋码功能，整理并生成设备转资清册传输至 PMS 系统创建设备台账。

对于通过包工包料服务合同采购的设备，需改造验收盘点功能，支持对此类设备的赋码。功能改造后，新增服务采购设备盘点清册模板，根据项目定义、单体工程编号等查询条件，系统可列出单体下建筑、安装类等服务合同清单，清单包含 WBS 编号、WBS 描述、采购订单号、行项目号、采购订单描述、服务编号、服务编号描述、供应商编号、供应商名称、合同金额、服务确认金额等信息。选中需要生成实物"ID"的服务采购订单行项目，点击工具栏中"生成实物 ID"按钮，弹出对话框，补充录入设备名称、设备类型、资产类型等信息后，点击确认，系统自动生成实物"ID"。

执行生成工程验收现场盘点清单程序，系统出现功能选择界面，选中新增，选择或输入工程项目定义，回车后可选择工程下的单项工程 WBS，选择服务采购设备盘点模板，见图5-42。

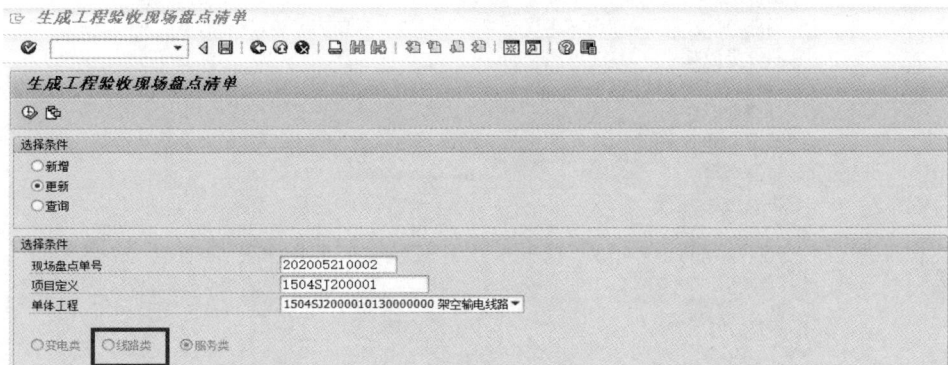

图5-42　生成工程验收现场盘点清单

点击⊕按钮，进入新增清单展示界面，站内通过服务采购的设备验收盘点清单界面如图5-43所示。

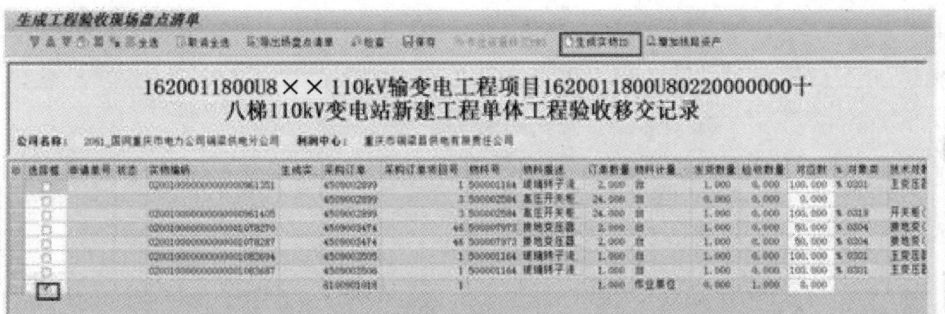

图5-43　服务采购设备工程验收现场盘点清单

选中行项目，点击"生成实物 ID"按钮，弹出系统界面如图5-44和图5-45所示。

12. 交接验收

App 端：

（1）交接验收微应用获取 ODS 中存储的 ERP 工程物资盘点清单，用户可通过盘点单号或者单体工程 WBS 编码进行查询及下载，见图 5-46。

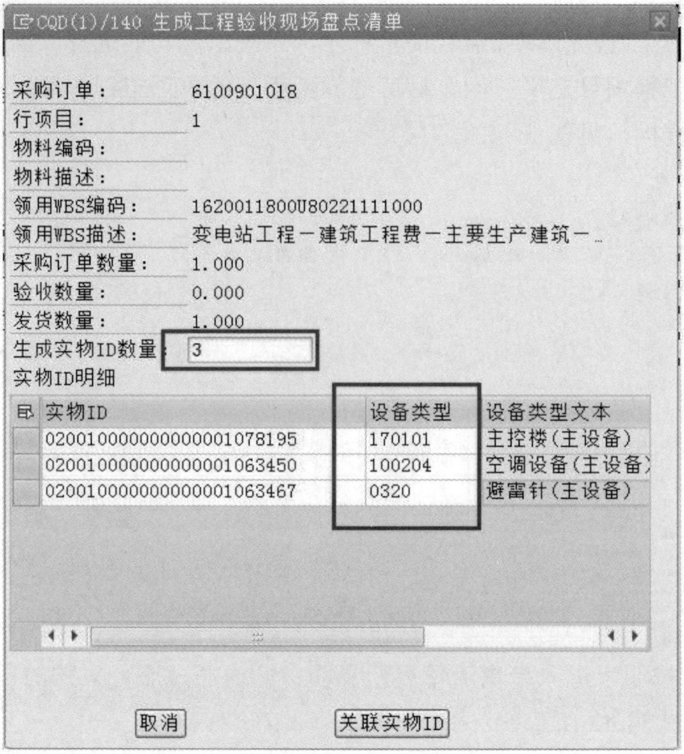

图 5-44　服务采购设备实物"ID"生成（一）

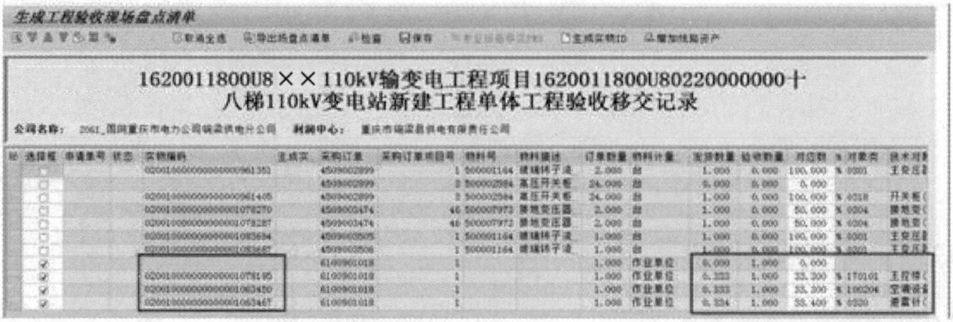

图 5-45　服务采购设备实物"ID"生成（二）

（2）项目人员可根据手持终端扫描现场设备实物"ID"编码，若扫描的实物"ID"数据和盘点清单数据匹配，则盘点清单行项目变为红色，点击盘点清单行项目，可维护验收数量、设备计量单位信息，数据维护完毕后，进行保存，见图 5-47。

图 5-46 盘点清单信息数据同步及下载

图 5-47 现场实物"ID"和盘点清单数据匹配

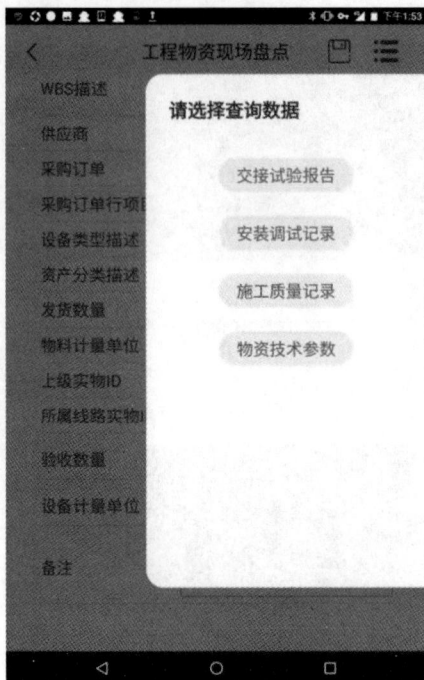

图 5-48 物资技术参数、交接实验报告、
安装调试记录、施工质量记录信息查询

（3）在盘点清单明细页签维护数据时，点击导航栏按钮，可查询该条数据对应的交接试验报告、安装调试记录、施工质量记录和物资技术参数信息，见图 5-48。

（4）盘点结束后，可对待提交的盘点清单进行删除或者提交操作，盘点清单提交后通过接口把数据返回 ERP 系统，由 ERP 把盘点后的数据推送到 PMS，见图 5-49。

13. 获取设备转资清册（PC 端）

ERP 依据站内物资发货明细清单、设备盘点清单生成设备转资清册后，PMS 系统及 ODS 数据中心根据设备生成的设备转资清册进行新增，同时调用"ERP 传输设备转资清册信息至 PMS 接口"将设备转资清册推送至 PMS。

图 5-49 盘点结果删除、提交

14. 设备转资清册核查、台账创建（App 端、PC 端）

PMS 移动端获取 ERP 推送的设备转资清册，通过扫码获取验收清册信息，开展现场实物核查，同时维护核查结果，核查结果包括：核查成功、核查失败（原因分为：现场有实物，设备转资清册中无对应；设备转资清册中有记录，现场无实物），并将核查结果返回至主站端，为设备台账新增提供依据。

15. 设备台账同步 ERP（PC 端）

新增依据设备转资清册及实物"ID"创建设备台账功能，在台账表中新增实物"ID"字段。将依据 ERP 推送的设备转资清册获取设备实物"ID"信息，并通过实物"ID"自动调用物理技术参数获取接口，带入供应商已维护完成的物理参数，完成设备台账创建，同时，通过扫描设备实物"ID"，可以获取设备交接试验报告、项目概况等信息。

16. 整站自动转资

整站转资需业务上规范转资环节业务处理方式，健全工程竣工时工程管理、物资管理部门等相关部门收发货工作、发票校验管控要求，从而促进工程成本与工程实际进度一致，同时，明确转资时限要求，固化费用分摊原则。由于各网省在处理建筑费、设备及安装费、其他费用分摊规则以及直接形成资产的设备管理等业务存在差异，所以建议网省公司结合各自业务需求开展信息系统改造，实现整站转资功能。

17. 设备退役申请（PC 端）

PMS 通过对设备使用情况进行分析，针对设备老化、超出使用年限、自然旱灾及恶劣气候、规划计划等原因发起设备退役报废申请，以技术鉴定报告为依据，对退役设备进行处置，并将处置结果同步至 ERP。

18. 设备退役处置（PC 端、App 端）

在退役处置环节，对没有继续使用价值的设备，可发起退役物资退库计划，退库计划审批完成后维护废旧物资退库申请、鉴定结果维护及审批，审批通过后进行设备报废入库作业，在废旧物资入库界面增加实物"ID"展示信息，见图 5-50。

使用移动作业进行废旧物资入库需使用移动端微应用扫描报废物资入库单据、获取设备报废申请信息，并通过扫描设备实物"ID"标签，核实废旧物资入库基本信息，完成废旧物资入库作业，并在系统记录实物"ID"，见图 5-51。

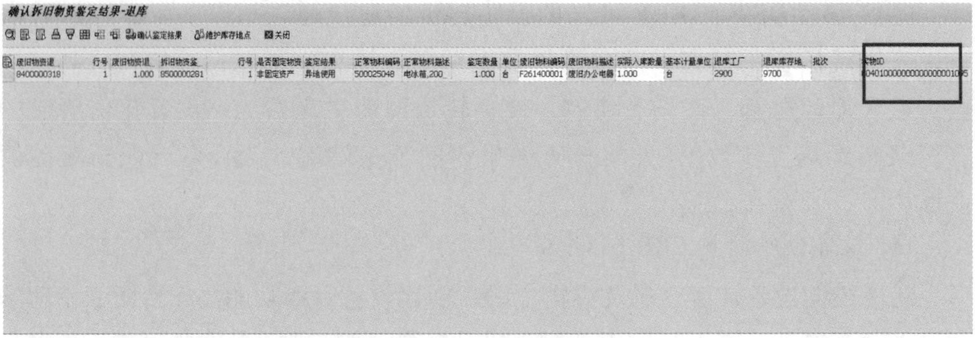

图 5-50 废旧物资退库

图 5-51 废旧物资入库

废旧物资入库后，可针对废旧物资创建处置计划、审核与提报，审批完成后将废旧物资处置申请上传到 ECP，待废旧物资中标结果回传 ERP 后，在 ERP 系统创建废旧物资销售订单，外向交货单过账完成废旧物资出库，在废旧物资出库界面增加实物 ID 展示信息，如图 5-52 所示。

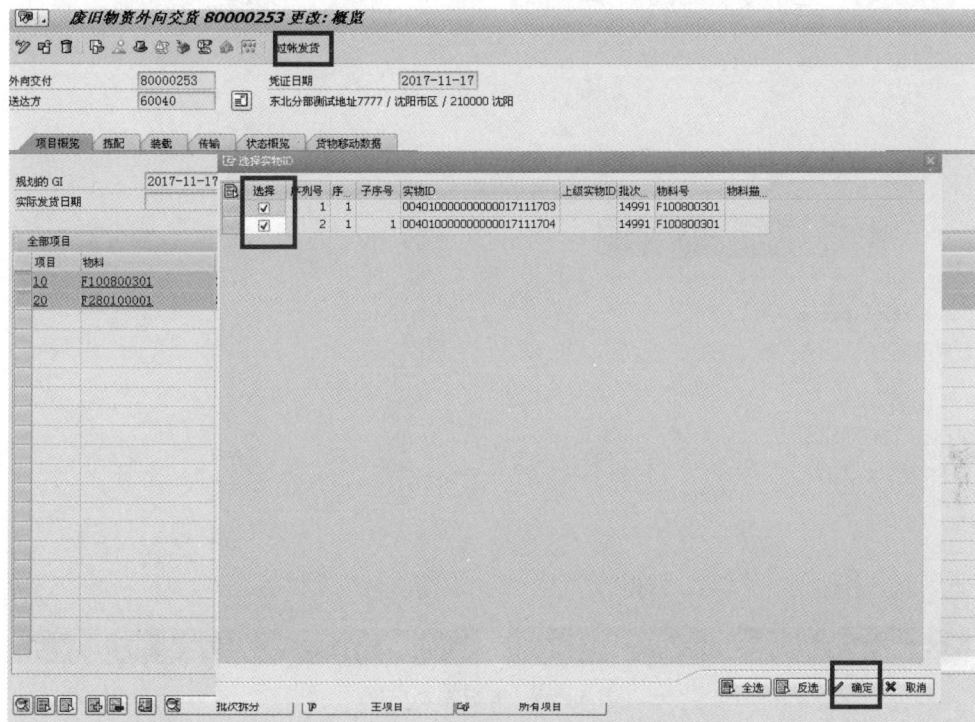

图 5-52 废旧物资外向交货

使用移动作业进行废旧物资出库需使用移动端微应用扫描报废物资外向交货单号、获取 ERP 中的外向交货单信息，并通过扫描设备实物"ID"标签，核实废旧物资出库基本信息，完成废旧物资出库作业，并在系统记录实物"ID"，见图 5-53。

19. 废旧物资信息回填 PMS（PC 端）

ERP 完成废旧物资处置后，通过设备实物"ID"关联废旧物资信息，包括废旧物资物料描述、废旧物资入库时间、废旧物资出库时间、废旧物资价值、退库工厂、退库库存地点等信息，并新增"废旧物资信息回填"接口，通过接口，将实物"ID"以及废旧物资信息回填到 PMS 系统中，PMS 系统新增展示界面，以实物"ID"为基础，贯通设备全寿命周期，展示设备全寿命周期信息，包括设备新投信息、运维检修信息、退役报废信息以及废旧物资处置信息，实现资产全寿命周期管理。

图 5-53 废旧物资出库

二、应用成效

一是完成变电站所有设备类型增量赋码节点和流程设计，适应批次采购和协议库存采购等多种采购流程，满足服务和乙供材料转设备的特殊赋码要求，实现新建变电站增量设备赋码全覆盖，为实物"ID"为主线的整站设备自动转资目标创造基础，提高转资效率。二是完成一体化验收等微应用的整站转资设备范围扩展，满足整站设备一体化验收及扫码创建 PMS 设备台账，在有效提高工作效率，减轻班组负担的同时，提高了台账数据准确性。三是自动完成设备及材料价值自动归集和分摊，解决了一对多关系设备价值无法分摊的难题。四是固化分摊规则及模型，实现了设备资产价值的准确归集。五是自动创建非 PMS 台账及出具竣工决算报表，较大程度节约了时间成本。六是将经四方盘点确认的数据自动归集到设备上，提高了数据准确性。七是通过预转资平台实现一键转资，减轻了财务人员负担。

第三节　一体化验收

电网资产统一身份编码应用 App 实现了现场实物资产管理人员通过扫描设备标签，即可开展设备新增管理、设备转资清册核查和存量设备盘点的功能，有效提高实物管理水平。随着实物"ID"深化应发展，现有功能已不能满足现场的业务需求，存在以下不足：

（1）用户二次扫描问题。在现场基于电网资产统一身份编码应用 App 开展运检业务过程中发现，"四方"盘点时，实物管理部门运检人员需要应用其设备转资清册核查功能进行扫码，核对设备贴标的实物"ID"编码信息与"现场验收盘点清单"信息是否一致；如若需要将具备实物"ID"编码信息的设备同步新增至 PMS 2.0 主站，需要运检人员到达现场，借助于 App 新增设备管理功能进行二次扫码操作，获取供应商录入的设备参数信息与设备的现场试验数据后，才能同步至 PMS 2.0 主站完成设备的新增。

（2）存量设备盘点支撑不足。用户在进行电网资产统一身份编码应用 App 存量设备盘点过程中，只能查看设备台账参数，不能进行台账参数及时修改治理工作。

（3）设备转资清册查询统计/导出相关功能不满足 PMS 2.0、财务需求。PMS 2.0、ERP（财务）需要分类统计 PMS 2.0 主设备、ERP 主设备、子设备、材料等数据的统计展示功能，同时需要实物资产转资后的设备编码、资产编码等信息，但目前不支持此功能需求。

（4）未实现一体化验收管控。开展变电五通验收过程中，在工程竣工验收、启动验收流程环节，没有与设备盘点清单进行扫描结合，不能满足重庆公司一体化验收管控工作。

通过实物"ID"将新增流程贯穿至变电站基建、技改工程验收的各个主要环节，强化从可研初设到启动验收盘点清单的承接性。实现了移动展示设备的全寿命周期信息、项目设备"一键式"批量创建、实时同步生成资产卡片，大幅度降低了基层单位手工抄录铭牌再 PC 端创建台账的工作量;融合首检式验收、竣工验收缺陷录入和处理等管理要求，实现验收一体化;以"四方"电子签名后自动生成"移交清册"作为工程决算依据，实现投入物资、移交实物、投运设备到形成资产间的一致性、准确性和完整性。

一、系统功能

1. 设备转资清册核查与设备新增管理模块

实现 PMS 2.0 接受 ERP 设备盘点清单接口功能、实物"ID"扫码核查功能、移动端发起设备变更申请流程、回传 PMS 2.0 设备台账接口等功能模块。增加主、子设备新增管理功能，当用户盘点主设备时候，弹出新增主设备的维护界面，用户完成主设备补充维护后，可选择性创建 PMS 2.0 子设备台账。

PMS 2.0 接受 ERP 转资清册信息接口：提供 Webservice 接口，实现 PMS 2.0 接收 ERP 端推送的"工程验收现场盘点清单"数据，生成设备转资清册信息待移动端与 PMS 2.0 主站端调取应用。

实物"ID"扫码核查功能：实现现场扫码功能，以便运检对现场工程所用的材料和设备进行清点核对与确认，模块中涉及 App 终端上可回填资产清册信息，包括验收数量、计量单位、设备种类、盘点情况等信息。

根据扫码核查状况，维护盘点结果。盘点成功的设备选择铭牌创建，自动关联的"项目概况"、工程数据录入的"试验报告"、设备出厂维护的设备"物理参数""运行参数"等信息，同时系统功能提供按照型号、生产厂家提取 PMS 2.0 主站相同参数录入填充功能，帮助快速填充数据。设备验收台账维护见图 5-54。

图 5-54　设备验收台账维护

注意事项：

（1）设备命名，可通过手动选取登录人员所在 PMS 2.0 主站的电系名牌信息进行设置；电压等级，只能通过用户下拉选择填写，不能通用设置；资产性质，默认设置为省公司，但允许修改。

（2）盘点完成后，需要提示没有盘点完的主设备数量，用户可点击未盘点的数量，可弹出盘点详情页面，以便用户快速盘点。当未盘点的主设备数量为0，则允许用户点击确认完成盘点工作。

（3）盘点页面，可通过技术对象类型筛选主设备，供用户进行快速分类盘点。

PMS 2.0 台账相关接口：在移动端发起 PMS 2.0 系统设备变更申流程，现场盘点时可实现盘点一条信息，生成一条对应的台账（未投运）。运检工作人员完成台账创建后，需要在 PMS 2.0 完成变更流程审核工作。

2. "四方"电子签字模块

在设备转资清册核查完成后，提供"四方"盘点工作人员在移动终端"电子签字"功能，存储现场工作人员作业痕迹；用户确认盘点完毕后，移动终端生成电子签名单，以便用户开展"四方"盘点电子签名工作，见图 5-55。

3. 实物资产清册查询统计模块

PMS 2.0 主站端提供基于"电子签字"确认后的设备转资清册的自定义查询、导出功能，查询统计按照 PMS 2.0 设备、非 PMS 2.0 设备等分类统计，可导出 Excel。

实现运检工作人员导出设备转资清册相关资产 Excel 格式信息。

四方签字				查看详情 >
		盘点结果		
清单类型	合计	未匹配	匹配成功	匹配失败
盘点汇总	1	0	1	0
PMS设备	1	0	1	0
非PMS设备	0	0	0	0
材料	合计	未关联	部分关联	全部关联
	0	0	0	0

实物管理部门签字

财务部门签字

建管部门签字

使用保管部门签字

验收完成

图 5-55 "四方"签名

4. 一体化验收模块

（1）提供竣工验收缺陷闭环管理。在验收过程中，工程验收人员检查设备的缺陷情况，录入竣工验收过程中发现的缺陷，要求在规定时间进行整改。

（2）首检式验收，根据变电五通要求，技术监督专家在项目竣工验收时候，需要针对变电站主变压器、开关柜进行首检式验收工作，完成外观检查、标志、接地检查、铭牌、相序、操作检查等特征检查，移动终端提供维护首检式验收情况录入功能。

二、应用成效

将新增流程贯穿至变电站基建、技改工程验收的各个主要环节，强化从可

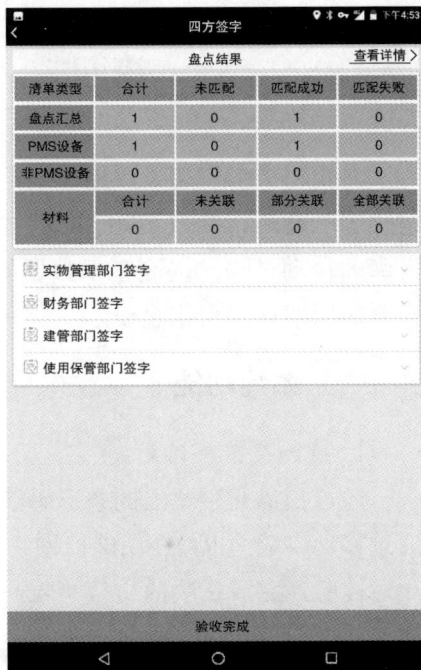

研初设到启动验收盘点清单的承接性。一是移动展示设备的全寿命周期信息，包括项目信息、采购、物理参数、运行信息等，实现项目设备"一键式"批量创建，实时同步生成资产卡片，大幅度降低了基层单位手工抄录铭牌再 PC 端创建台账的工作量。二是融合首检式验收、竣工验收缺陷录入和处理等管理要求，实现验收一体化。三是"四方"电子签名后自动生成"移交清册"作为工程决算依据，打通资产全寿命周期管理过程中的信息壁垒，防止信息孤岛，确保投入物资、移交实物、投运设备到形成资产间的一致性、准确性和完整性。

第四节　移　动　仓　储

在实物"ID"建设成果基础上，通过移动智能终端扫描实物资产上的 RFID 或铭牌二维码，获取实物"ID"物资信息，实现物资移动收发货、废旧物资出入库的自动过账。提高基于数据的电网资产精益化管理水平，服务和支撑资产全寿命周期管理深化建设。

一、系统功能

1. 货物交接单维护

通过扫描交接单上的条形码获取交接物资的编码、名称、数量等基础信息，通过移动终端的 RFID 功能识别物资的实物"ID"标签，与货物的基础信息进行比对校验，完成货物的交接验收，见图 5−56。

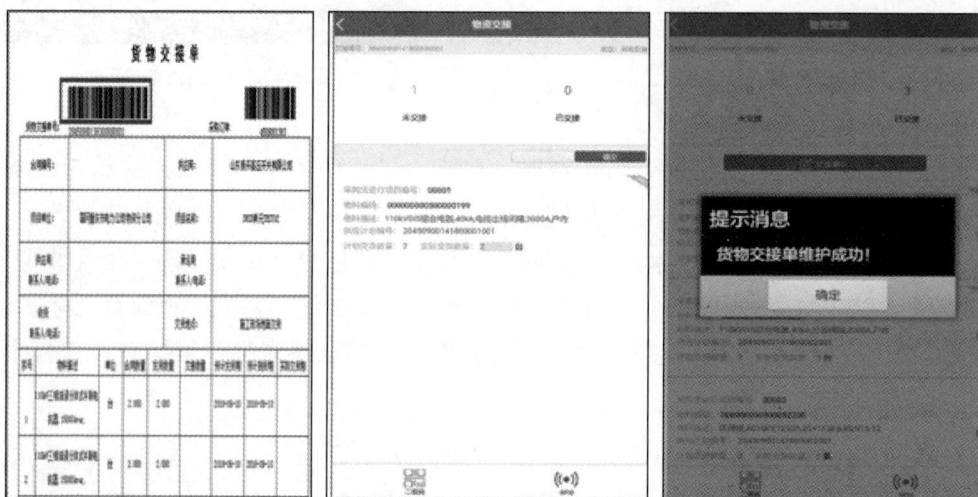

图 5−56　货物交接验收单维护

2. 到货验收单维护

通过扫描验收单上的条形码获取验收物资的基础信息，通过移动终端的RFID 功能识别物资的实物"ID"标签，获取到货物的项目编码、技术参数等详细信息，现场对货物与系统信息进行核对，并拍照上传，完成货物的现场验收工作，见图 5-57。

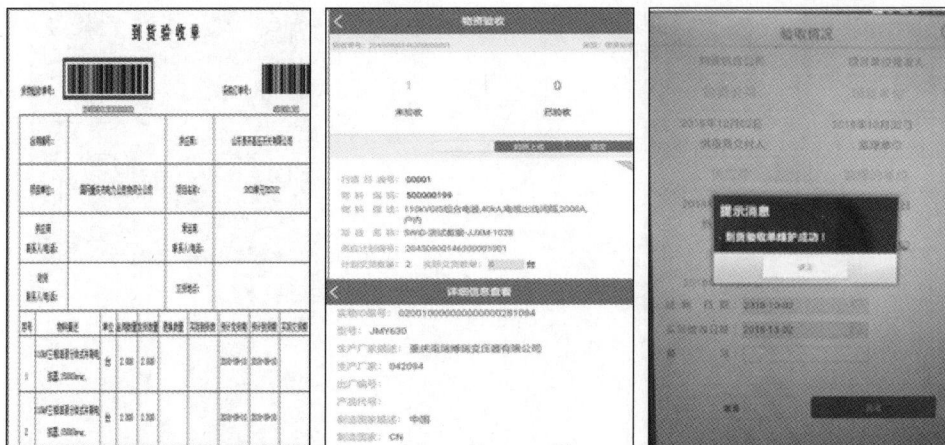

图 5-57　到货验收维护

3. MIGO 收货维护

通过扫描验收单上的采购订单条形码获取采购订单基础信息，按行项目对采购订单进行收货确认，维护发货人和收货人信息，并回传 ERP 进行过账，见图 5-58。

图 5-58　MIGO 收货维护

4. 领料出库功能

通过扫描领料申请单上的条形码获取出库物资的物料编码、实物"ID"编码、数量等基础信息，然后扫描物资的实物"ID"标签，系统将自动根据工厂、物料号、批次号对信息进度匹配校验，发料出库数据传入 ERP 系统，ERP 自动执行发货过账，见图 5-59。

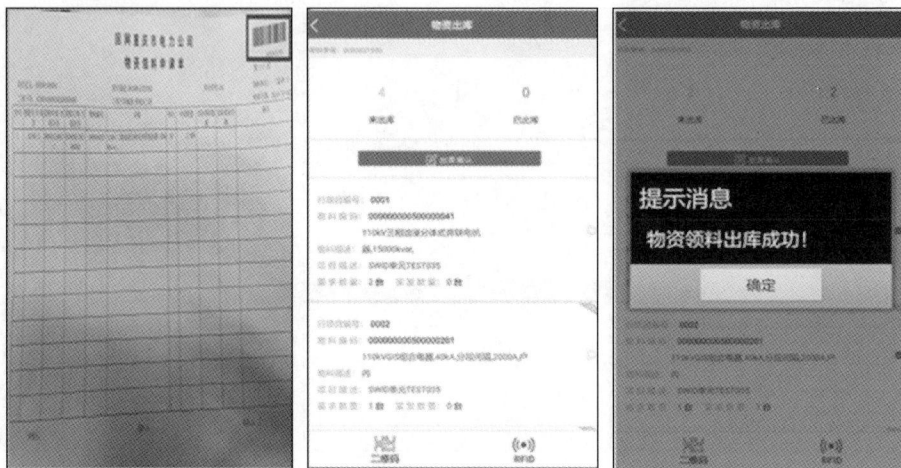

图 5-59　物资领料出库

5. 确认拆旧物资鉴定结果-退库

通过扫描回收明细单二条码或者手动输入单号获取回收明细单抬头信息，然后扫描实物"ID"标签获取设备履历，现场对实物和系统信息进度核对，提交 ERP 执行入库过账，见图 5-60。

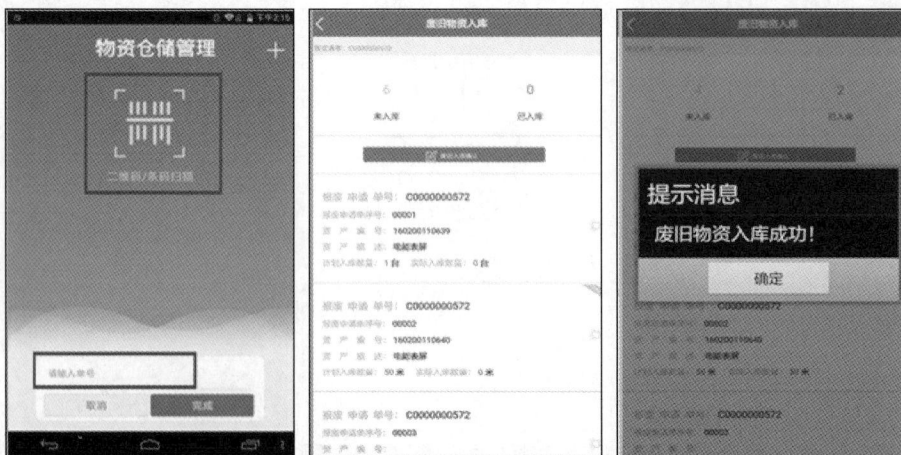

图 5-60　废旧物资入库

6. 废旧物资出库

通过扫描出库单条码或者输入单号栏中输入外向交货单号获取外向交货单号、装运地点（代保管工厂）、送达方和交货日期等基础信息，然后扫描实物"ID"标签获取设备详细信息，现场对实物和系统信息进度核对，核对无误后提交 ERP 执行出库过账，见图 5-61。

图 5-61 废旧物资出库

7. 再利用物资入库

通过扫描再利用交接单二条码或者手动输入单号获取凭证单号、工厂、未入库和已入库行项目数等基础信息，然后扫描实物"ID"标签获取设备详细信息，现场对实物和系统信息进度核对，核对无误后提交 ERP 执行入库过账，见图 5-62。

图 5-62 再利用物资入库

8. 再利用物资出库

通过扫描出库单条码或者输入单号栏中输入再利用单号，获取 ERP 中的再利用单信息，然后扫描实物"ID"标签获取设备详细信息，现场对实物和系统信息进度核对，核对无误后提交 ERP 执行出库过账。再利用物资出库见图 5-63。

图 5-63　再利用物资出库

9. 扫码对比

通过扫描设备上的实物"ID"标签和设备铭牌二维码（图 5-64 中扫码对比所示），系统将自动对相关信息进度比对，并反馈比对结果（初始状态为白色，比对成功显示绿色，比对失败显示红色）。

图 5-64　扫码对比示例图

10. 项目互调

通过扫描设备上的实物"ID"标签自动从 ERP 系统获取设备的采购订单、物料编码、项目等信息，根据项目调出情况维护新的项目信息，然后提交 ERP 系统更新，项目互调示例图见图 5-65。

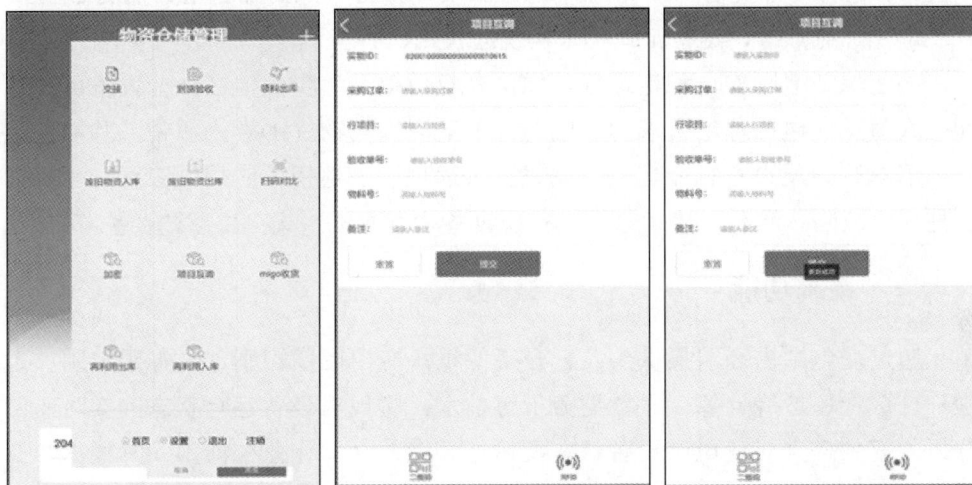

图 5-65　项目互调示例图

二、应用成效

重庆电力结合业务管理中的重点、难点问题，考虑到各区县公司的业务需求，结合物资智慧供应链建设，研发部署物资仓储移动 App 应用，完成软件开发、场景分析，通过移动应用 App 和 RFID 技术的结合，提高信息交的互准确与快捷，实现数据实时与内网交互，仓储人员快速完成物资扫码收发货，为"中国特色能源互联网企业建设"建设打下基础。具体创新点及成效简述如下。

一是实现物资交接收货、验收入库、验收一键收发、MIGO 收货的移动操作，提高了物资仓储人员的系统处理效率；二是实现了废旧物资及退役再利用物资的移动扫码出入库管理，加强了废旧物资及退役再利用物资的出入库业务的管理规范性；三是实现物资技术参数、项目采购、文档资料、设备历史大事件等信息在移动端的信息展示，便于仓储人员在交接、验收、发货、入库等环节及时掌握业务信息，提高仓储业务的运转效率。

第五节 基于智辅系统的视频图像巡检

目前变电站主要依靠人工巡检，随之产生的人力成本、交通成本、时间成本巨大。随着设备实物"ID"应用，运维人员需携带移动终端到站扫描实物"ID"开展巡视、盘点等，巡检工作仍未实现远程化、智能化。

为了保证电网安全稳定运行，加快"双效提升"步伐，在保证设备可靠性和无人值班变电站运维要求的基础上，本案例以实物"ID"为纽带，利用变电站高清视频开展设备智能巡检，完成设备远程智能巡视，应用人工智能完成设备外观、缺陷、测温、违章分析，实现设备状态非侵入式自主感知及预警。

一、系统功能

通过变电站内高清摄像头及云台摄像机，应用图像识别、二维码识别、远程红外成像、边缘计算、大数据分析等技术，实现对设备运行状态的实时监测分析，有效提升对变电站设备状态及运行环境的一体化监控能力。具体内容有以下几方面：

1. 打造智能巡检闭环生态链

基于实物"ID"的变电站智能巡检，利用实物"ID"实现视频系统与PMS系统的贯通，视频系统将自动响应PMS巡视计划的号召请求，根据制订的巡视路线完成巡视后视频系统将自动生成相应报表回传至PMS。构建了一个智能巡检的闭环生态链，深化了与PMS间的数据融合和业务应用，实现变电站巡视方式"人工到站—远程手动—智能闭环"的跃升和迭代，见图5-66。

2. 非侵入式设备状态智能感知

（1）设备自主巡视。依据各设备的实物"ID"结合国家电网变电运检五项通用管理规定及变电反事故措施管理规定（简称"五通一措"）制订出巡视路线，站端感知层接收巡视计划后自动触发智能巡视，自主开展按制订的巡视计划及巡视路线按时定点的远程智能巡视。在巡视过程中还能自动识别设备实物"ID"，远程确认设备身份，同步读取并显示PMS中设备基础台账等动态数据。对仪表的读数、开关刀闸的分合状态、设备外观、设备状态的实现实时监控，同时还可开展发生故障前后的设备状态远程查勘，为故障的预判提供了技术支撑，见图5-67。

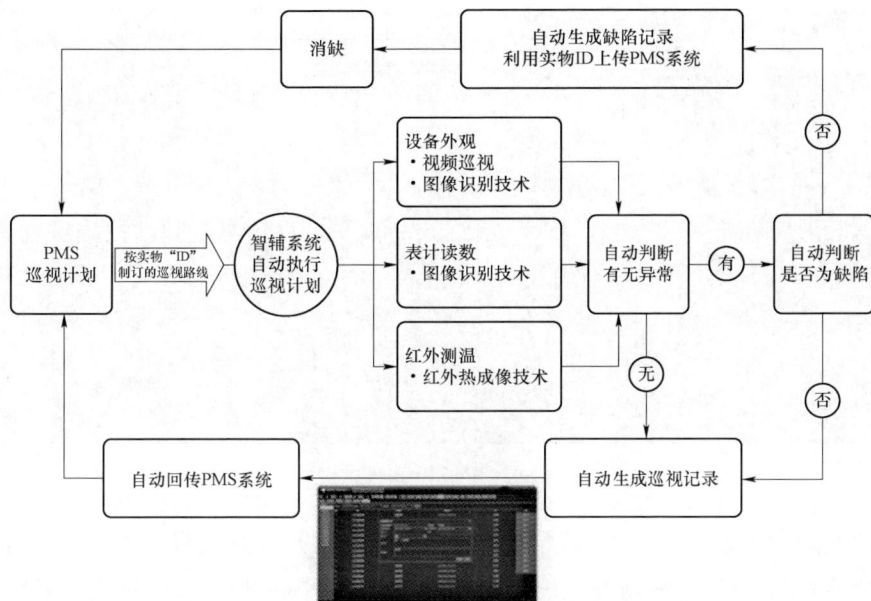

图 5-66　变电站巡视闭环链

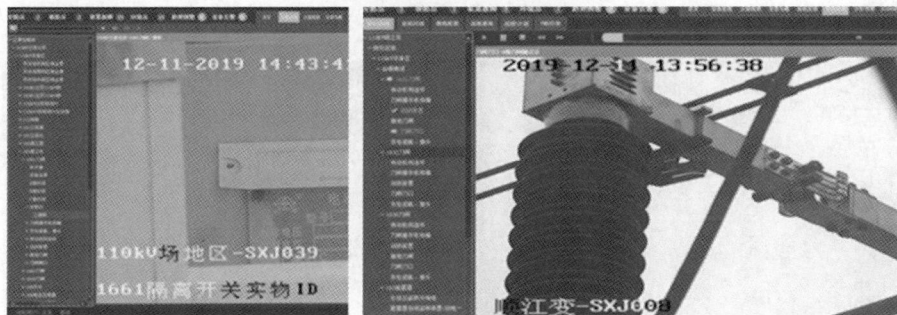

图 5-67　设备状态自主识别

（2）缺陷智能识别。通过深度学习、图像识别等技术，远程开展变电站内设备状态及缺陷的智能识别，目前已实现断路器、隔离开关位置、硬压板投退、油温、油位等的状态识别，表计破损、绝缘子破损、渗漏油、锈蚀、鸟巢等缺陷识别，实现缺陷自动判别、自动告警。利用实物"ID"唯一性，实现变电"25类"设备缺陷记录自动生成、缺陷记录自动回传PMS，见图 5-68 和图 5-69。

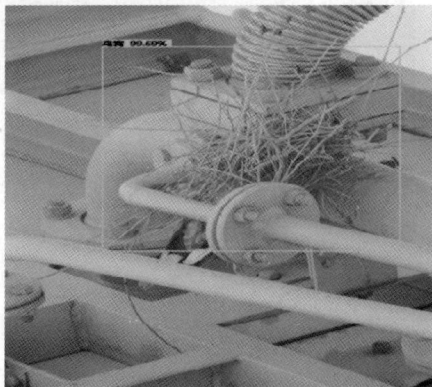

图 5-68　缺陷识别

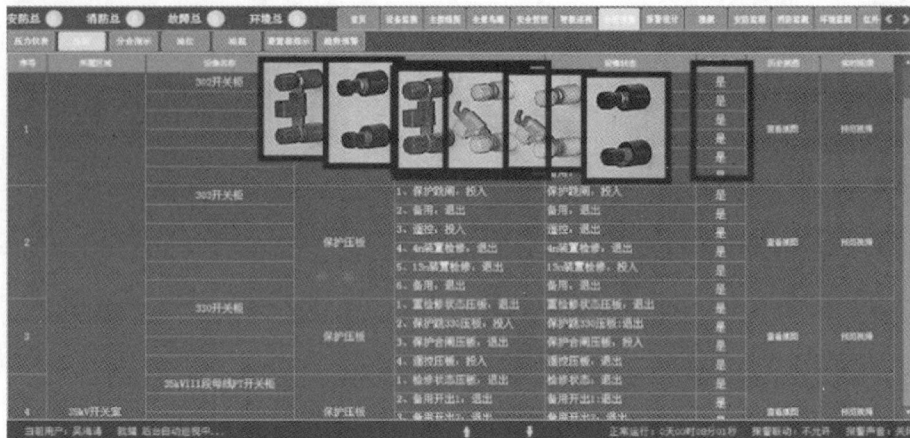

图 5-69　压板投退状态识别

（3）远程一键测温。在现场配置红外热成像仪，根据巡视标准及运行经验，使用热成像镜头对设备测温点位进行依次测温，对站内一次设备的引线接头、刀闸触头等易发热部位，合理布置红外巡视点位，实现红外覆盖最大化。对设备发热、温升情况进行实时监测，并完成红外数据采集、分析与预警，见图 5-70。

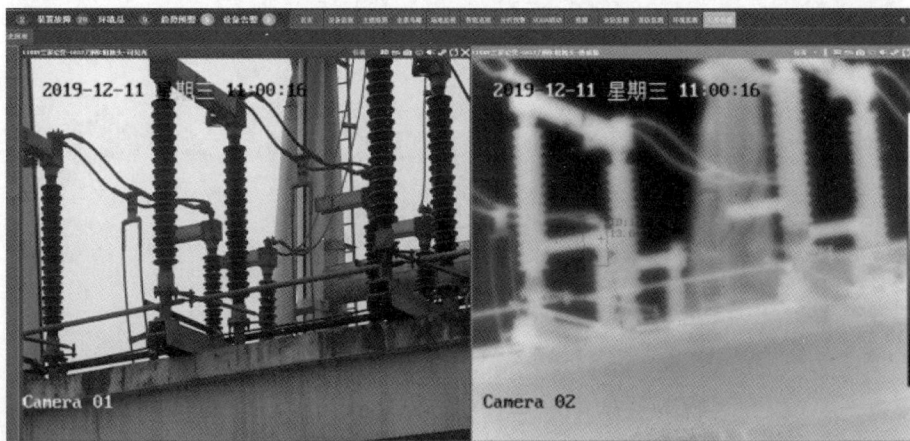

图 5-70　红外远程测温

（4）违章主动报警。一是应用变电作业现场安全管控技术，对作业过程中越线/闯入、未正确穿戴工作服、安全帽、吸烟等违章行为进行主动报警，提高变电运维人员对施工队伍在变电站内作业的把控力度。二是深化应用工作票远程许可功能，在充分考虑安全的前提下，采用与录音电话相结合的方式，开展远程视频许可变电站二种工作票工作，见图 5-71。

图 5-71 违章报警

3. 数据智能预警

系统根据图像识别边缘计算实时采集的 SF_6 压力、油温、油位等数据，开展 SF_6 压力、主变油温、油位曲线拟合和回归分析，完成数据趋势分析，便于运维人员实时掌握设备运行状态变化动向。2019 年迎峰度夏期间，系统经趋势分析自动告警 110kV 杉树变电站 SF_6 压力异常，提前发现 1031 刀闸气室漏气缺陷，根据 SF_6 压力值变化动向联合视频远程巡视，合理安排补气、停电检修等工作，保障了设备的安全可靠运行，见图 5-72。

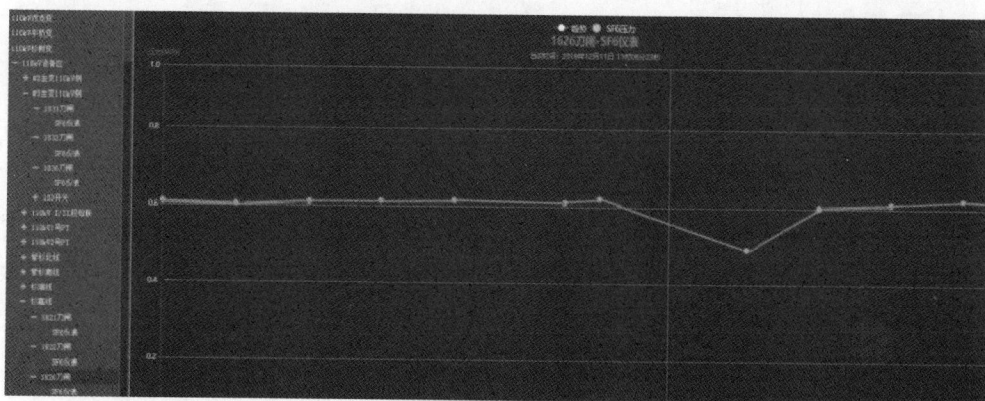

图 5-72 油温曲线图

二、应用成效

自基于实物"ID"的智能巡检 App 应用以来，解决了多项基层作业难点，极大提升企业的经济效益和设备效益。

1. 解决问题

（1）全流程智能巡检解决了人工到站巡视、人工抄录仪表、人工录入系统等传统巡视工作痛点，同步解决了实物"ID"到站扫码与远程巡视的矛盾，节省了大量的人力物力成本以及时间成本。

（2）缺陷及异常智能识别报警解决了视频远程巡视结果需要人工判别确认的问题，大大降低巡检结果确认时间。

（3）采用"实物'ID'+远程红外热成像"技术，解决了现场测温效率低、测温数据需人工分析和人工录入的问题。

（4）应用仪表读数结果开展设备读数趋势分析，实现设备趋势和阈值越限双重告警，及早发现设备内部缺陷，提高运行可靠性。

2. 提升效益

（1）提高运检效益。对于传统的人工巡视、人工带电检测和设备异常处理等业务，该系统省去了往返交通时间、现场作业时间、手动录入系统时间等，节约了大量的时间成本，见图5-73。

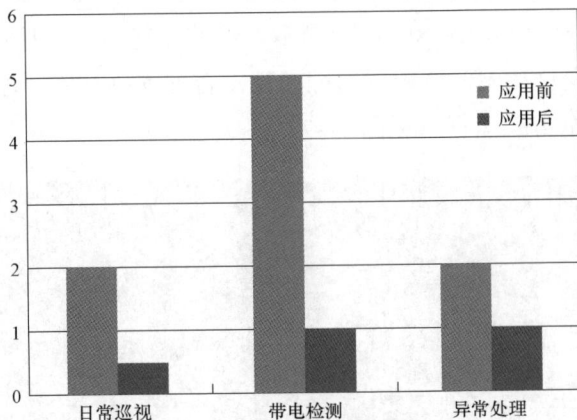

图5-73 应用前后时间成本对比图

（2）节省运维成本。节约车辆、油耗、人员工资、外出费用、备品备件、工器具使用等，节省约运维费用120万元/年。

（3）盘活了人力资源。人均运维变电站数量由从0.52提高至1.09个，运维人员配置由原来33人节省到21人。

（4）提高安全效益，设备故障跳闸时间处置时长由2h/次降低至1h/次，站内违章作业减少72%。

（5）实现变电站内设备设施和运行环境全方位、自动、智能的巡视，能更快、更早、更准确的掌握设备真实的运行状态，便于检修人员及时调整设备的检修策略，处理异常或故障设备过程中，实施"数据驱动"式的故障精准研判，降低了设备事故率，提高处置效率，缩短设备停电时间，城网供电可靠率由实施前 99.87%上升至 99.92%，提升了用户满意度，优化营商环境。

第六节 基于实物"ID"的移动运检

传统巡检作业，巡检人员需在巡视检修任务完成后返回办公地点，将巡视、检修结果录入信息系统。在巡检结果录入信息系统的过程中，可能存在误录、少录、多录等问题，且录入信息不够及时。

随着移动互联网和物联网 RFID 标签技术等的深入应用，构建基于电网实物"ID"的智能变电巡视应用，与 PMS 2.0 巡视、检测应用实时数据同步，进行 PMS 2.0 巡视、检测计划查询，现场录入巡视记录、作业指导卡、现场录入检测记录、检测报告、检测数据曲线预警，登记缺陷、隐患、故障信息等，实时同步至 PMS 2.0。现场巡视过程中扫描设备 RFID 标签、二维码调取查看 PMS 2.0 中相应设备台账信息、运行履历信息等。巡视工作执行中可实现巡视数据的同步录入，避免二次录入，提高现场巡视人员工作效率。

一、系统功能

1. 巡视现场作业辅助

包括巡视计划查询、设备台账和履历查询三个功能。

（1）通过调用主站端巡视计划查询服务，在移动端界面展示巡视计划信息，见图 5-74。

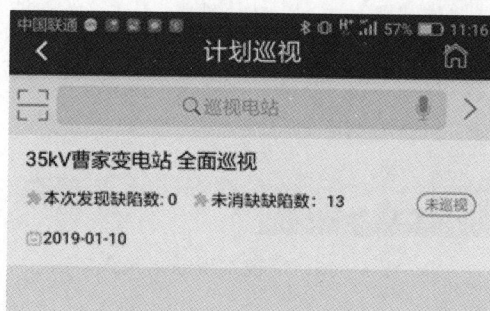

图 5-74 巡视计划查询

（2）App 提供设备台账和履历查询界面，通过调用主站端设备台账查询服务和设备履历查询服务，在移动端界面综合展示设备台账信息和履历信息。支持通过扫描设备 RFID 标签自动调出设备台账信息界面。

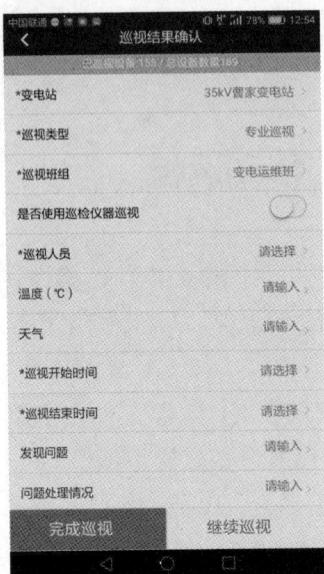

图 5-75　巡视记录录入

2. 巡视现场作业执行

包括巡视记录及作业指导卡录入、缺陷登记及查询、隐患登记及查询、故障登记及查询四个功能。

（1）现场巡视人员在现场巡视作业完成时进行巡视记录填写。系统根据 PMS 2.0 作业指导卡范本内容自动生成。填写完毕后调用主站端巡视记录和作业指导卡写入服务将数据同步至 PMS 2.0，见图 5-75。

（2）缺陷登记及查询提供缺陷登记界面，支持手工选择设备或者现场直接扫描设备 RFID 标签获取设备信息。填写完毕按确定按钮调用主站端缺陷写入服务将数据同步至 PMS 2.0，见图 5-76。

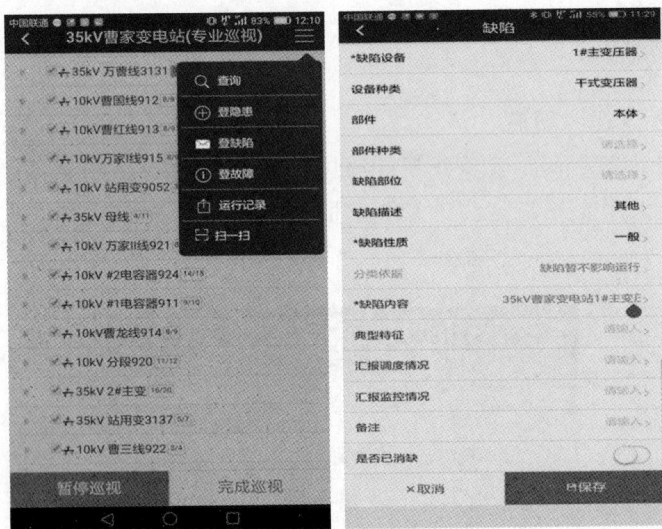

图 5-76　巡视发现缺陷录入

（3）隐患登记及查询提供隐患登记界面，支持手工选择设备或者现场直接扫描设备 RFID 标签获取设备信息。填写完毕按确定按钮调用主站端隐患写入服务将数据同步至 PMS 2.0，见图 5-77。

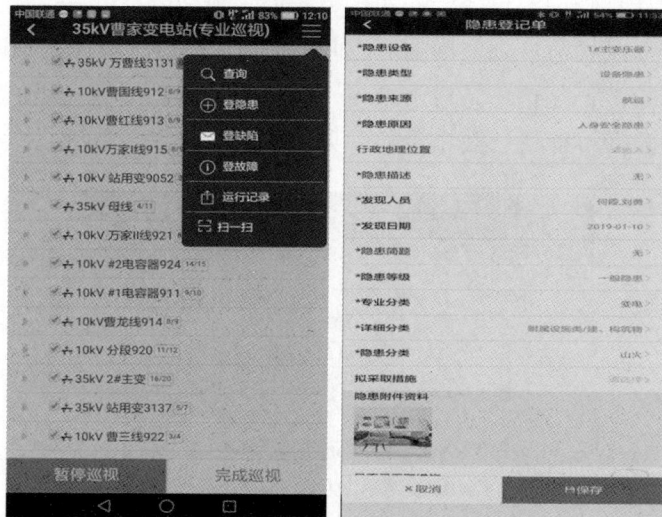

图 5-77 巡视发现隐患录入

（4）故障登记及查询提供故障登记界面，支持手工选择设备或者现场直接扫描设备 RFID 标签获取设备信息。填写完毕按确定按钮调用主站端故障写入服务将数据同步至 PMS 2.0，见图 5-78。

图 5-78 巡视发现故障录入

3. 检测现场作业辅助

包括检测计划查询、设备台账和履历查询 3 个功能。

（1）App 提供检测计划查询功能，通过调用主站端检测计划查询服务，在移动端界面展示检测计划信息，对于未归档的检测计划，提供检测记录录入入口，调出检测记录录入界面进行数据录入，见图 5-79。

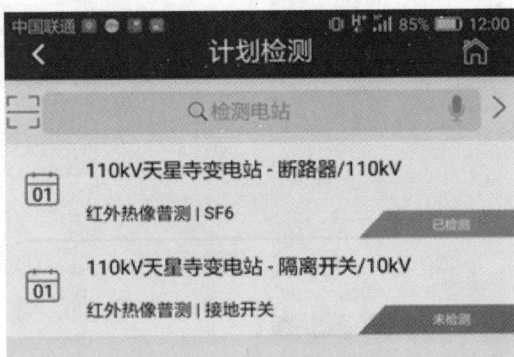

图 5-79　检测计划

（2）App 提供设备台账和履历查询界面，通过调用主站端设备台账查询服务和设备履历查询服务，在移动端界面综合展示设备台账信息和履历信息。支持通过扫描设备 RFID 标签自动调出设备台账信息界面，见图 5-80。

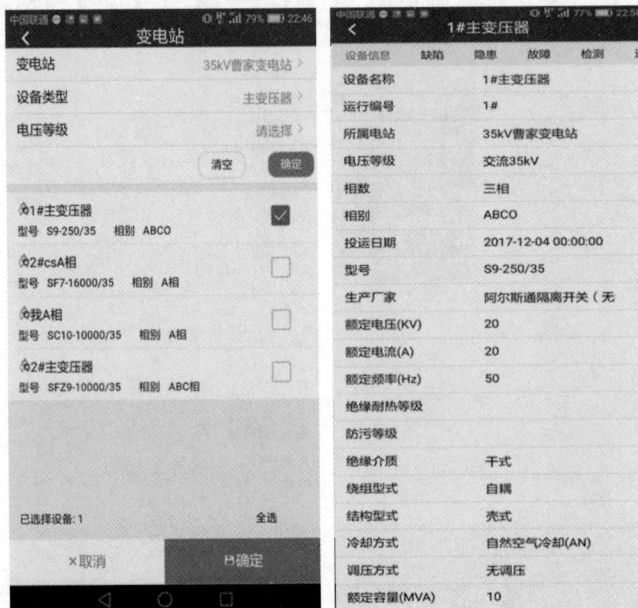

图 5-80　巡视设备台账信息

4. 检测现场作业执行

包括检测录入及检测曲线预警、缺陷登记、隐患登记、故障登记等功能。

（1）现场检测人员在现场检测作业完成时进行检测记录填写。提供检测记录录入界面，实现检测记录信息填写。检测报告提供单独链接界面进行录入，根据 PMS 2.0 检测报告模板内容进行录入，见图 5-81。

（2）针对录入的检测数据，提供曲线展示，显示历史数据最高值、平均值作为参考，预警数据是否超出常规，见图 5-82。

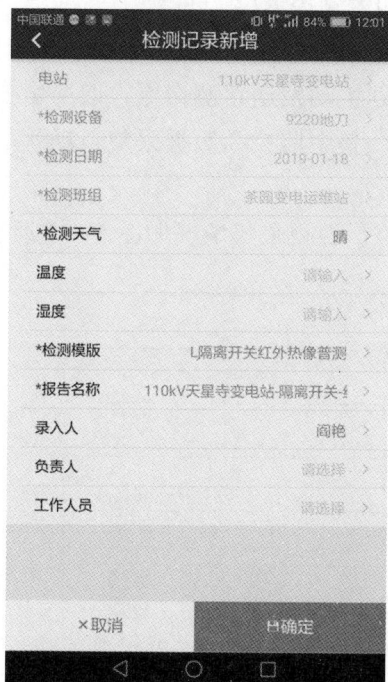

图 5-81　检测记录录入　　　　图 5-82　设备电流检测曲线

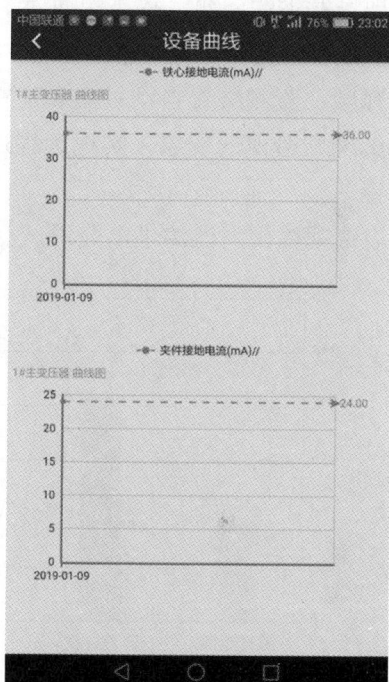

（3）提供缺陷登记界面，支持手工选择设备或者现场直接扫描设备 RFID 标签获取设备信息。填写完毕按确定按钮调用主站端缺陷写入服务将数据同步至 PMS 2.0。

（4）提供隐患登记界面，支持手工选择设备或者现场直接扫描设备 RFID 标签获取设备信息。填写完毕按确定按钮调用主站端隐患写入服务将数据同步至 PMS 2.0。

（5）提供故障登记界面，支持手工选择设备或者现场直接扫描设备 RFID 标签获取设备信息。填写完毕按确定按钮调用主站端故障写入服务将数据同步至 PMS 2.0。

二、应用成效

（1）通过移动互联实时获取设备的台账、状态、检修以及缺陷隐患信息，实现巡视、检修工作全过程的无纸化、移动化和智能化。并引入"互联网+智能运检"手段全面管控巡检工作，通过主站应用服务向移动端推送信息并展示，提前掌握巡视的计划、重点和危险点，提高对突发事件的反应速度；规范巡视、检修、问题整改、安全通报等重要工作，实时掌握并有效管控巡检开展情况及时反馈现场发生的问题，提高沟通效率，加大管控力度。

（2）践行"自动采集+集中控制+区域自治"的物联网模式技术路线，通过变电站视频及监测装置自动采集和巡视计划主动发送召测命令，取缔了变电站工作人员现场巡视的现象，实现远程巡视、集中监控、数据采集自动化的变电智能化管理。

变电巡视以国网江津供电公司试点单位，巡视采集情况如图 5-83 所示。

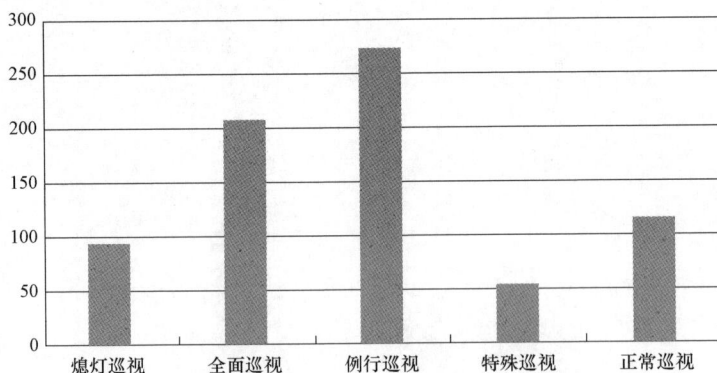

图 5-83　巡视采集情况

移动运检发布巡视计划召测 774 次，每年节约变电现场巡视人员约 126 人次/站。其中熄灯巡视 94 次、全面巡视 209 次、例行巡视 273 次、特殊巡视 54 次、正常巡视 14 次。

第七节　基于实物"ID"的仪器仪表智慧管理

目前仪器仪表类设备的新增主要有两个途径：零星购置和大中型基建项目的生产准备费购置。零星购置提报物资需求时在 ERP 中形成 PM 设备台账和资产编码，物资收货自动完成资产增资。生产准备费购置的仪器仪表大多滞后于电网设备的建设，资产编码没有及时推送到财务，导致在 ERP 中没有对应的设备台账和资产编码。由于项目验收信息没有贯通到 PMS 2.0 中，所以台账需在 PMS 2.0 中再次维护。综上所述：仪器仪表类设备增量贯通主要存在的问题是由于业务壁垒和系统分割导致信息贯通困难，影响业务系统和账卡物一致性，无法实现全寿命周期管理。

针对存量设备的日常管理，PMS 已建设了仪器仪表设备台账、使用、校验、储备定额以及库存地点管理功能，但是仪器仪表设备实物与设备台账以及资产管理之间各环节相对独立。现场设备的管理基本依赖于人工，手动维护工作繁多，设备管理未真正实现与系统的深度融合。仪器仪表使用保管责任人主要归集到班组，仪器仪表出库、入库需要耗费大量人工进行监控管理，使用保管负责人无法实时掌控仪器库存信息；仪器仪表领用或归还人员未实现有效的安全管控，存在挂靠人员私自进入现象。各个库房的状态以及情况无法及时的进行反馈，因此会造成数据的不对称和管理上的滞后。

针对长期困扰及影响仪器仪表规范和智能化管理的问题，通过引入实物"ID"，借助移动物联技术，在增量设备贯通方面主要实现以实物"ID"为索引，通过固化 WBS 与物料、物料与设备类型对应关系，贯通项目立项、物资招标、合同签订、物资仓储、工程建设、设备投运、工程转资及退役报废的全过程，打破信息和业务壁垒，实现增量设备的资产全寿命周期信息贯通和数据共享。

一、建设内容

1. 仪器仪表增量贯通

合同签订后在 ERP 中形成实物"ID"并同步到 ECP，供应商登录 ECP 下载包含实物"ID"的二维码信息张贴在仪器仪表外包装。物资到货后送电科院检验，并提供检验报告给供应商，后者去物资部门办理物资收货手续。保管部门根据四方核查结果创建设备台账，并同步信息到 ERP，实现实物"ID"的全流程贯通。

完成仪器仪表技术对象类型和物料组及相关物料对应关系梳理和系统配置，固化仪器仪表类物料与设备技术对象类型、物料与资产分类映射关系，新增物料与资产分类对应关系系统自动校验功能，新增实物"ID"启用配置工厂的校验，实现相同物料在不同工厂下分别控制是否需要启用实物"ID"管理，实现增量仪器仪表设备源头赋码，见图 5-84。

图 5-84　实物"ID"启用配置

（1）项目单位提报设备材料清册微应用中新增零购项目类型，见图 5-85。

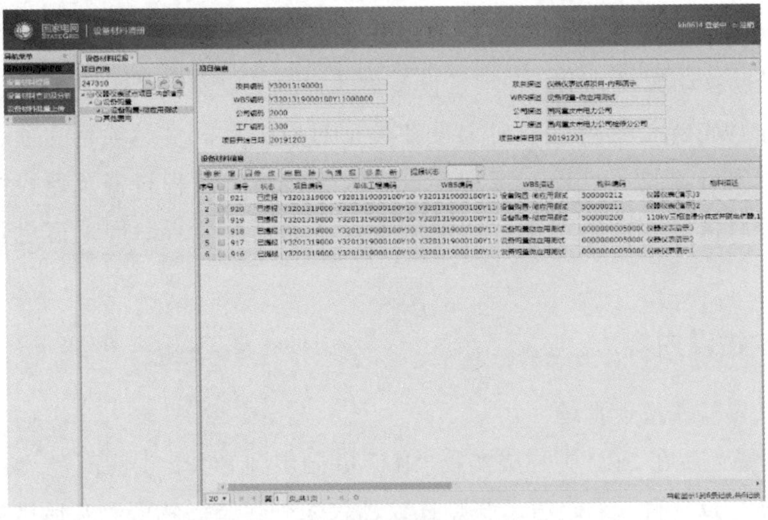

图 5-85　提报物资材料清册微应用

（2）ERP 项目物资采购创建功能中新增零购项目设备材料清册模板下载、批量导入功能，同时新增零购采购申请资产编码选择，实现固定资产零购采购申请的创建，见图 5-86。

（3）拓展仪器仪表类设备供应商录物理技术参数录入模板、工程验收现场盘点清单及转资清册生成功能，在转资清册中新增资产编码、设备编码等信息，同时将实物"ID"编码、设备编码、资产编码、供应商录参信息等信息推送 PMS，见图 5-87。

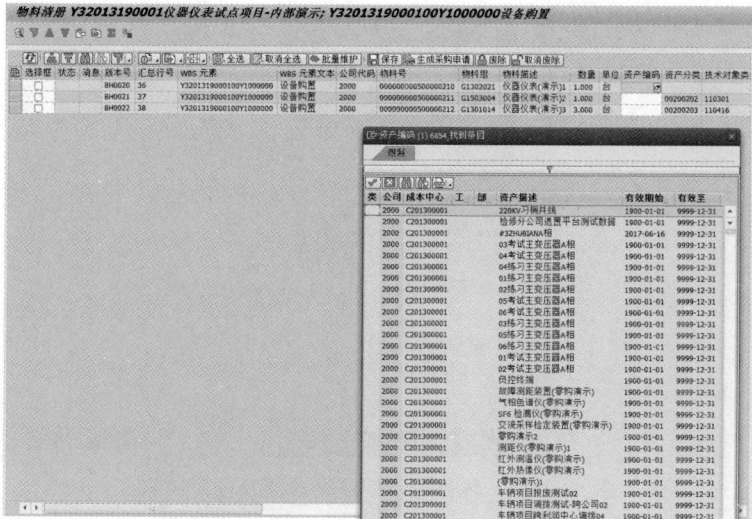

图 5-86 采购申请及零购设备材料清册

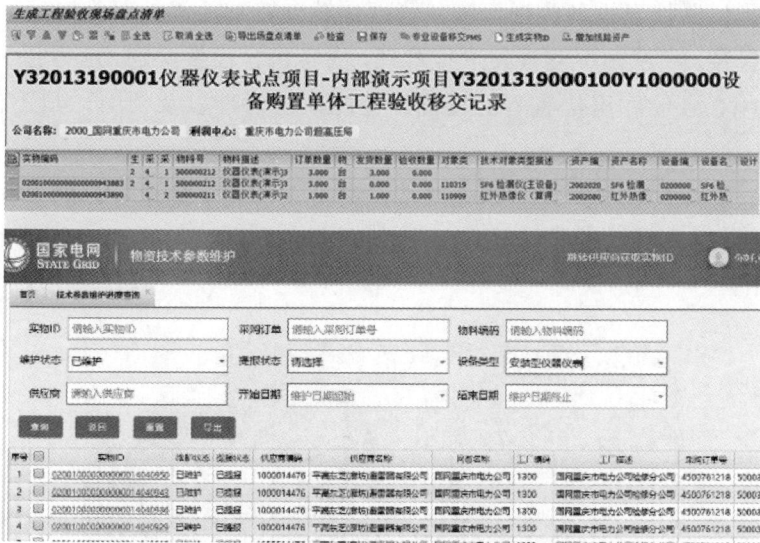

图 5-87 供应商物资技术参数维护

（4）运维班组人员在现场手持移动终端设备，通过一体化验收 App 扫描仪器仪表实物"ID"标签信息，自动获取供应商录入的物资技术参数信息，实现仪器仪表设备台账新增，见图 5-88。

2. 仪器仪表存量应用

电网设备发生故障后，应用移动应用和泛在物联网技术，快速领用仪器仪表，提升抢修工作效率，降低人员工作强度。

图 5-88　一体化验收创建仪器仪表设备台账

3. 智能仓储盘点

考虑到仪器仪表设备类型繁多，管理颗粒度较细，优先对价值高、易安装、有工具箱包装、易粘贴标签设备进行管理，内容包含设备实物"ID"生成及 RFID 标签的打印、仓储库房位置智能查询、智能库房管理以及领用、归还、盘点记录等。

（1）仓储库房完成库房智能化改造，对货架加装采集设备、电子看板设备，每晚定时对库存进行盘点，3～10s 内生成盘点报告并在现场大屏展示，见图 5-89 和图 5-90。

图 5-89　仓储库房智能化改造

（2）盘点结果推送到 PMS 2.0 系统中自动生成盘点报告，并对有账无物、有物无账、账实不符及仪器仪表未及时送检的情况提供管理建议，见图 5-91。

4. 仪器仪表检验管理功能

依托实物"ID"，集成 PMS 2.0 和智能仓储系统，改造 PMS 2.0 原有的仪器仪表检验管理功能。

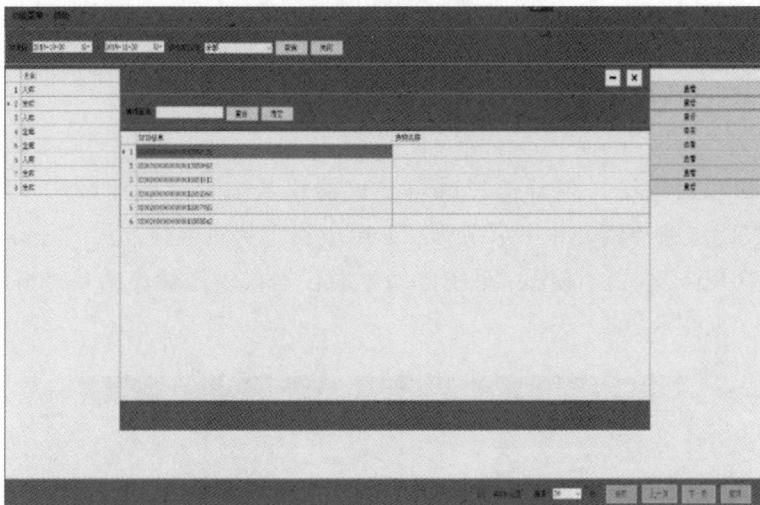

图 5-90 盘点结果实时看板

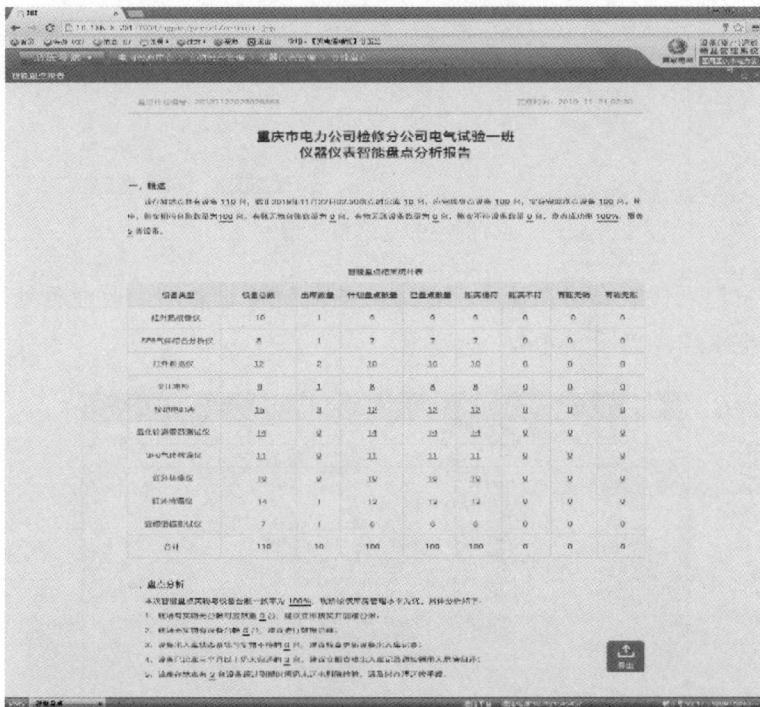

图 5-91 仪器仪表智能盘点分析报告

（1）PMS 2.0 系统依据仪器仪表上次检验日期、检验周期及预警阈值（可配置），自动发送送检提醒消息给仪器仪表保管人，见图 5-92。

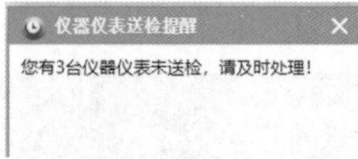

图 5-92 仪器仪表送检提醒

（2）在接收到送检预警消息或者是仪器仪表临时出现异常后，保管人在 PMS 2.0 发起送检申请，并将申请单发送至电科院负责检验人员的任务代办。如果出现逾期仍未送检的情况，系统自动生成仪器仪表送检申请单，并发送至保管人代办，见图 5-93。

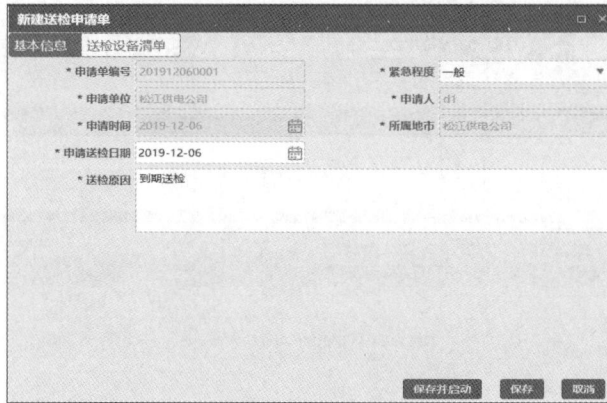

图 5-93 送检申请

流程发起后保管人可在流程信息中查看到送检设备的当前业务处理情况，实现全过程跟踪，见图 5-94。

图 5-94 送检流程日志查看

电科院业务受理根据业务和工作安排情况对待检设备进行排程，检验员进入代办维护检验结论，同时也可以在移动端通过扫码的方式维护检验结论，见图5-95。

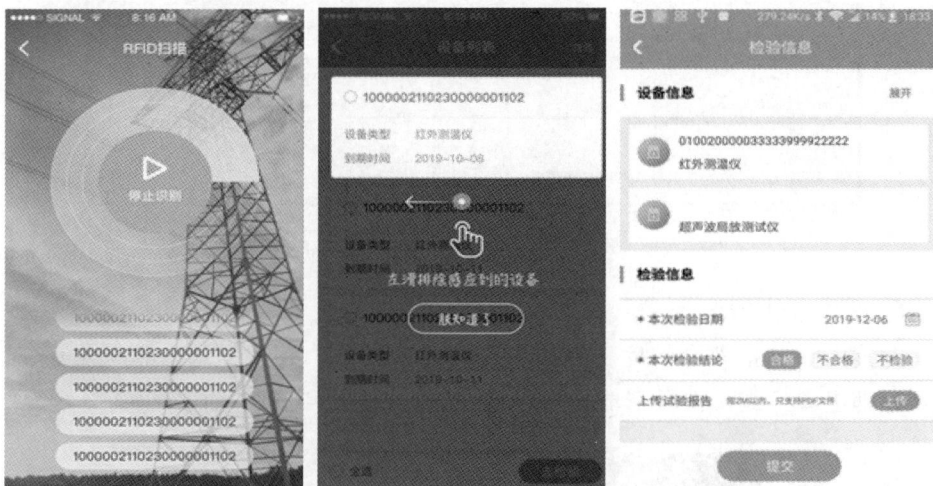

图5-95 移动端检验结论维护

保管人可查看送检设备情况，领回已检验设备，见图5-96。

图5-96 送检仪器仪表领回

5. 仓储智能查询

通过智能仓储和送检跟踪的改造确保仓储地点的设备账实相符且检验合格。在现场发生抢修事故时，抢修人员通过移动App综合距离、使用频率、出厂日期等信息筛选出待领用的仪器仪表的仓储点，见图5-97。

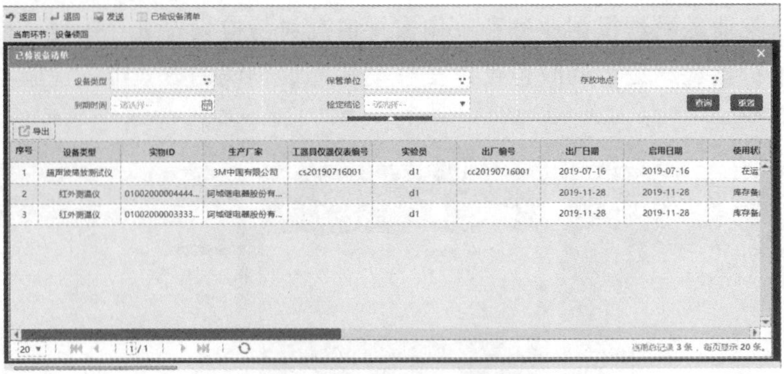

图 5-97 仓储库房智能查询

6. 智能仓储领用

抢修人员到推荐仓储库房后通过智能感应设备，感应领用人和领用设备，无需办理出库手续，自动形成设备领用记录，见图 5-98 和图 5-99。

图 5-98 仪器仪表领用

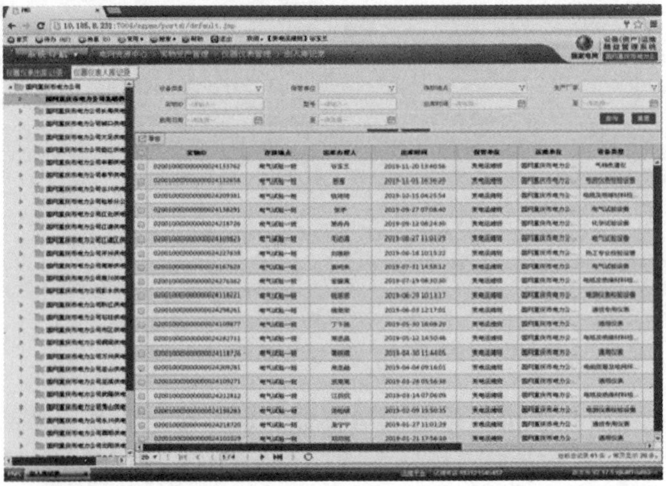

图 5-99 仪器仪表出入库记录

136

7. 仪器仪表大数据分析及辅助决策

通过仪器仪表实物"ID"的增量贯穿以及存量智能管理流程的优化，PMS系统将实现对各管理环节数据的记录能力，通过详细数据对设备的全寿命周期进行分析。以可视化智能数据分析系统向用户展示具体分析结果，见图 5-100。

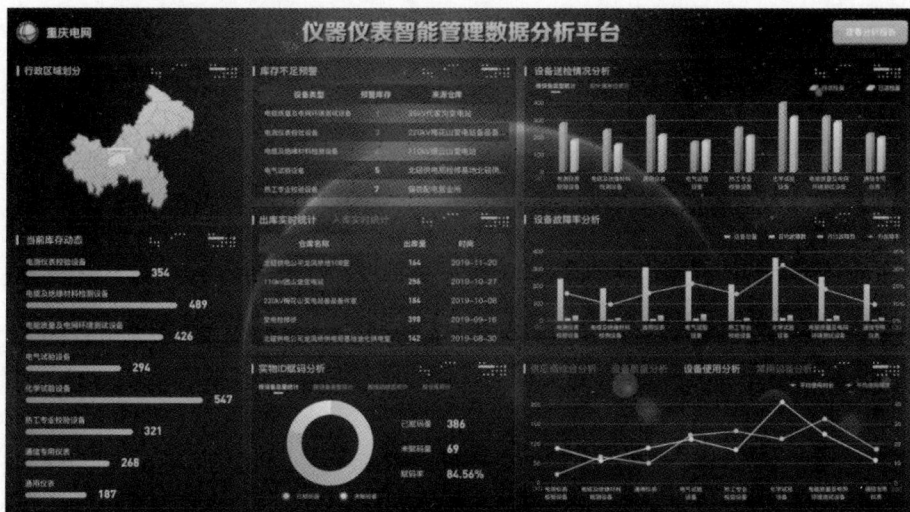

图 5-100　仪器仪表智能管理数据分析平台

根据仪器仪表各类管理数据，通过大数据分析体系，输出供应商评价及辅助决策分析报告，为仪器仪表设备管理工作提供具有权威性、科学性的管理依据，见图 5-101。

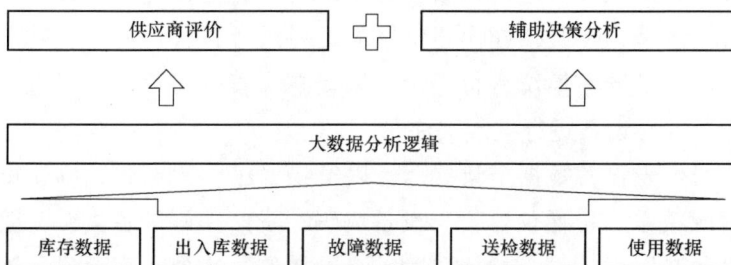

图 5-101　仪器仪表数据分析建设框架

（1）设备赋码率分析。根据仪器仪表设备实物"ID"为基础，通过对仪器仪表设备进行精细化实物"ID"生成及统计分析，按照设备类型、管理单位（存放地点），展示仪器仪表设备实物"ID"赋码率和总体设备库存情况。

（2）设备出入库及使用时长分析。根据设备管理单位（存放地点），动态展示各单位设备出入库情况，根据设备类型关联设备出入库数据、出入库频次、送检及故障情况。

（3）设备定额配置分析。定额配置数据分析，根据设备类型，以及时间点展示设备消耗情况，并对存库不足进行预警提示，帮助管理部门快速了解设备增补需求。

（4）设备检测情况分析。按设备类型展示指定周期内仪器仪表待检、已检、未检等数据内容，同时对检测结果进行分类展示。

（5）设备故障情况分析。对于设备故障问题，专门开发故障登记功能，并对日常故障数据进行统计，按设备类型、供应商两个维度进行分析，可快速了解设备故障情况。

（6）辅助决策。通过大数据分析模块，基于日常仪器仪表设备管理数据，对仪器仪表设备的管理情况进行精细化分析，根据设备类型分别进行设备库存量、使用频率、检验合格量分析，向相关部门提供使用、采购建议以及定额分配建议。

（7）供应商评价。从日常设备管理及使用数据中，进行综合分析，形成供应商供货质量模型，并根据供货质量模型形成评价分析。分析内容主要包括：仪器仪表常用设备情况分析，仪器仪表设备质量情况分析（包括仪器仪表故障率、仪器仪表送检频率、维保记录等信息），仪器仪表设备使用情况分析（包括使用频次、使用时长等数据），以及供应商综合数据分析，可对供应商履约售后情况进行全方位评价，指导后续的物资招标采购。

（8）设备异常预警。通过大数据分析系统，分析比对被检设备的历次检测记录，发现设备特定参数值超出正常区间，将进行预警，并可对同批次、同厂家、同型号的设备异常情况进行提示，以提醒保管人对仪器仪表进行检测，提醒运维人员对被检设备进行重点关注。

（9）仪器仪表设备数据全景展示。以实物"ID"为纽带，固化设备、资产间的分类对应关系，贯通仪器仪表设备编码、资产编码等各类专业编码，实现仪器仪表设备在需求规划、招标采购、合同履约、物资入库、设备转资和退役报废全寿命周期内的信息贯通，实时准确掌握仪器仪表设备日常使用管理情况，并通过管理数据进行跟踪，提升公司仪器仪表精细化管理水平。

（10）仪器仪表设备分析报告。根据所有仪器仪表管理及质量数据，定期形成并输出分析报告，同时根据分析周期，将分别形成分析周报、分析月报。管理人员可以根据实际管理范围，查看所属管理范围的分析周报及分析月报，同时该报告还将支持文档导出，满足日常管理信息的留存及使用，见图5-102。

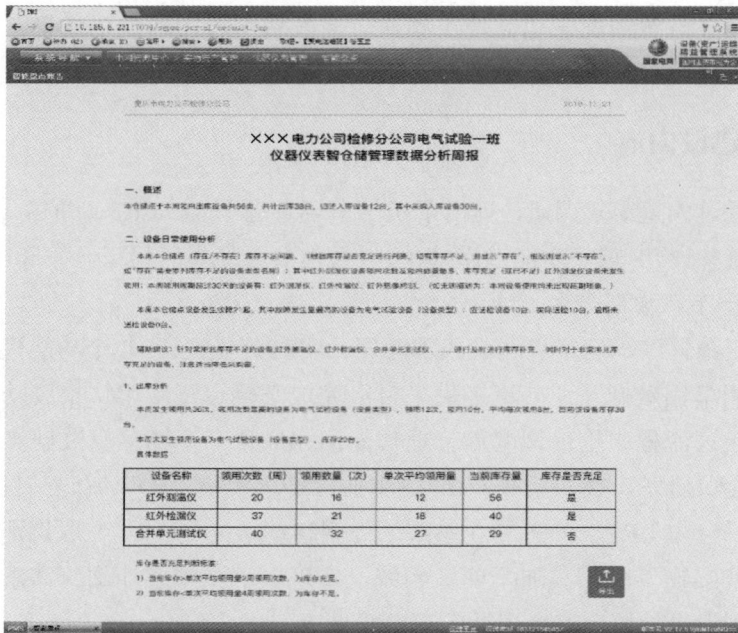

图 5-102 仪器仪表智能仓储管理分析周报

二、应用成效

按照"试点先行、分步实施"的原则，2019 年在国网重庆检修公司开展仪器仪表实物"ID"研究与实践，在充分验证仪器仪表实物"ID"建设科学性、可行性和经济性的基础上，及时总结经验，形成了覆盖全市 32 家单位的仪器仪表实物"ID"推广实施方案。截至 2020 年 9 月底，累计开展检测工作 3587 次，自动采集形成试验报告 10112 份，作业人员完成试验报告的时间由平均 1.5h 缩短为 1min，报告数据的准确率提升至 100%；智能仓库自动生成仪器仪表领用和归还记录 1221 条，减少系统录入时间约 30min/次；同时将为期 1 天的仪器仪表实物盘点缩短为 1min 内完成。

第八节　基于实物"ID"的车辆资产全寿命周期管理

随着新兴技术发展，电网信息化水平提升，车辆资产管理要求的提升，原有的统一车辆平台已不能满足需求。针对电网企业购多少车合适，购什么车最优，购置车辆运行状态如何等难题，公司以实物"ID"建设为契机，以实物"ID"贯穿车辆统一管理平台、ERP、PMS 和内外网移动 App，准确记录车辆购置、运营、出勤任务等情况，建立使用频次、运营费用等图形展示场景，直观便捷掌握车辆资产效益发挥和基层核心业务开展情况。

一、建设内容

公司通过大量需求调研，提出了统一车辆管理平台、ERP、PMS、统一权限等 4 个系统共计 78 项子功能改造清单，以及对各系统关联接口开发和改造需求。

1. 统一车辆管理平台

开发资源管理、运行管理、成本管理、实时监控共计 4 个功能模块，为各专业系统间车辆数据互通共享提供平台；完成车辆台账新增、报废功能改造，新增用车申请流程、抢修调度等管理功能；完成生产车辆存量数据实物"ID"批量获取接口研发，成功获取 4082 辆主业生产车实物"ID"编码。目前，统一车辆管理平台与 ERP、PMS 2.0 系统、外网移动 App 接口正在联调测试，未来将基于车辆实物"ID"贯通全业务系统，实现车辆从规划计划、需求采购到运行维护再到退役处置全寿命周期管理，见图 5－103。

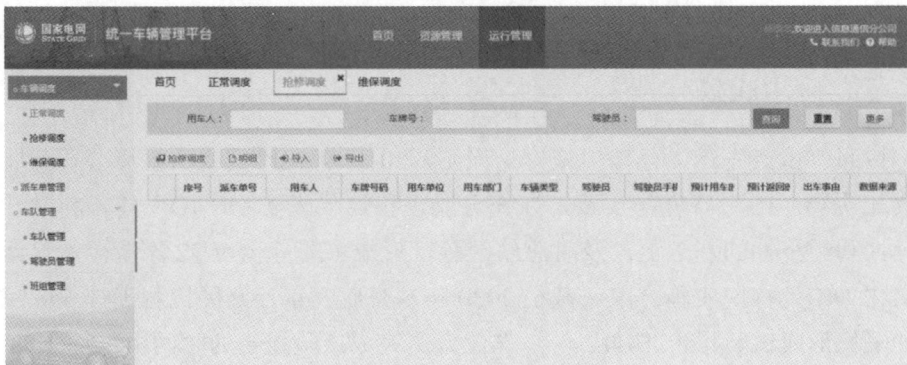

图 5－103　统一车辆管理平台

2. ERP

完成车辆新增、调拨和报废流程，供应商参数录入等功能改造和开发，现处于测试阶段。该功能上线后确保了车辆参数录入准确性，提升车辆台账创建自动化水平。

3. PMS 2.0

研发基于 PMS 2.0 工作票的派车申请功能，运检人员可根据实际业务需求提交用车申请，将申请信息自动推送至统一车辆管理平台，见图 5－104。

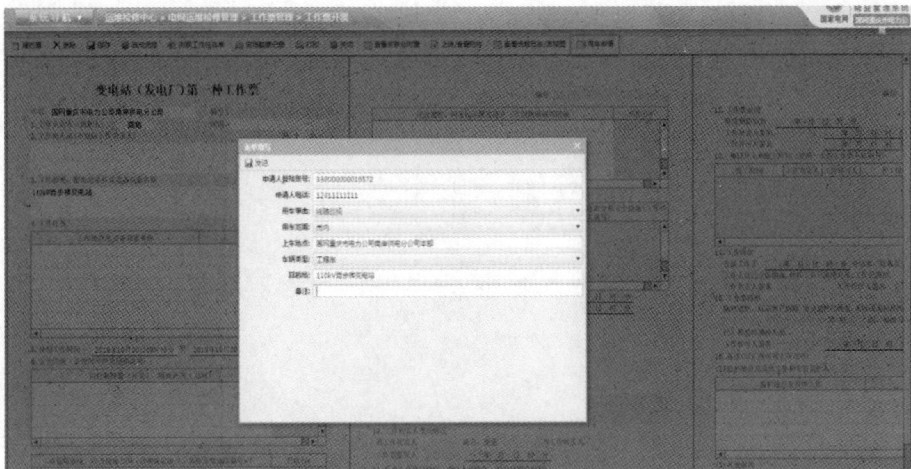

图 5-104　PMS 2.0 派车需求

4. 移动应用

公司在自有"泛泛助手"App 的基础上，对车辆管理功能进行迭代更新。实现车辆用、管移动化。建立起用车人、审批人、驾驶员、监督人物理隔离和自动适应管控体系，在手机 App 端以"订单"的方式对用车全过程跟踪管理，记录申请、审批、调度、出车、归队每一个环节数据。固化用车申请审批流程，完成审批人员权限配置，开发电脑端、手机端同步实时查看车辆运行状态功能，确保数据实时推送、内外网贯穿。实现费用发生数据化。攻克车辆成本管理困难问题，从申请、发生、录入、归档四个环节入手，在油料、维修、保险、路桥、停（洗）车等费用发生时，通过移动 App 记录和核准人、车、事由、时间、地点、现场照片、票据等要素，实现成本发生数据化。通过记录下的运行大数据，对车辆使用频率、驾驶员工作强度、趟次、时长、里程等进行统计分析，形成智能报表，辅助车辆购置和报废技术鉴定。实现工作绩效积分化。设计了一套驾驶员服务质量与绩效工资严格挂钩的管理方式，执行订单式和积分制管理，预留抢单和派单两种模式，每一个订单从里程数、趟时数、加班与否、有顺风车与否、文明驾车情况、油料和维修费排名等维度进行量化计分，以分定薪，多劳多得。结合智能手机、移动应用、实物"ID"、车辆终端的各自特性，通过记录手机 GPS 里程、车载 GPS 里程、规划里程、拍照留存里程，最终以四者对比合理误差范围内的拍照留存里程数作为绩效依据，堵塞了长期以来的虚假里程数据的管理漏洞。贯通国网"e"约车、重庆公司渝"e"行、"泛泛助手"App 后台，实现员工公务网约出行快捷高效；完成违章查询功能研发，接入第三方数据获取接口，及时获取车辆违章信息，见图 5-105 和图 5-106。

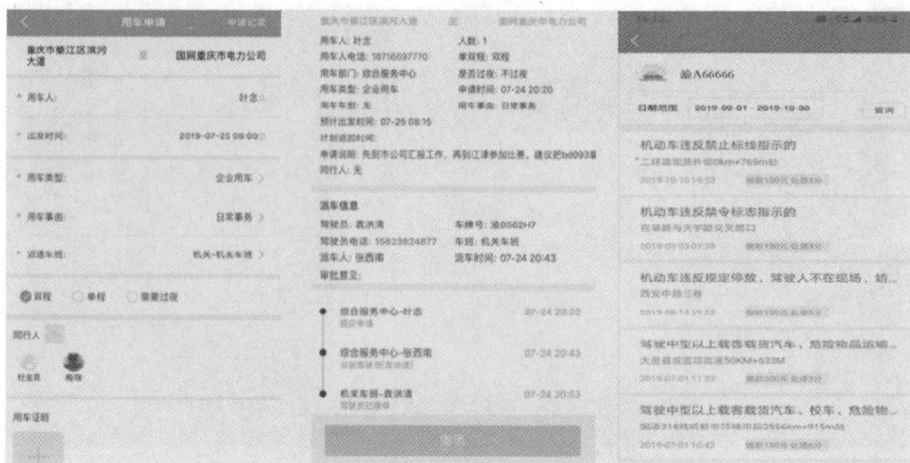

图 5-105　用车申请、违章查询

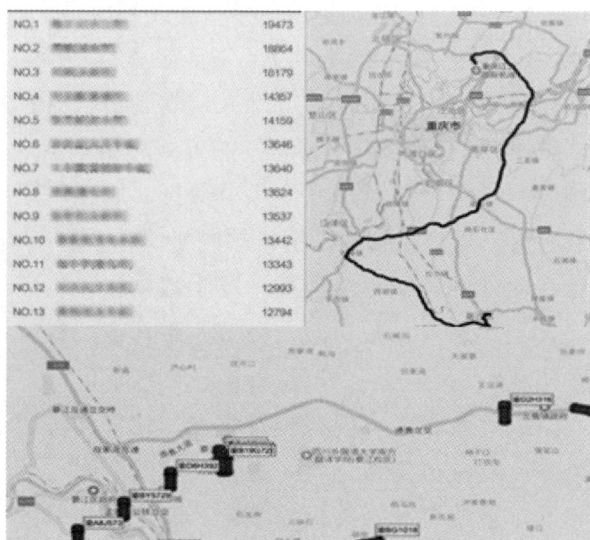

图 5-106　驾驶积分排名、车辆轨迹

二、应用成效

国网重庆电力采取"稳步推进、分步推广"的原则，统筹开展车辆资产实物"ID"建设和应用工作。2019 年在綦南、合川供电公司试点，2020 年分两批进行逐步推广，年底前实现 47 家基层单位全覆盖。截至 2020 年 9 月底，第一批推广的 5 家单位顺利完成 610 辆生产服务车辆贴标，通过内网 PC 端和外网App 的实时交互成功发起用车申请和派车服务 11677 起，现场录入油料、维保等费用 3492 单，在统一车辆平台完成车辆调拨、报废 3 起。在 2020 年生产服务车辆零购中，重庆电力按照增量源头赋码流程，协调国网重庆电动车公司、恒永汽车公司等 4 家供应商完成技术参数录入，开展现场扫码验收并创建台账，验证流程的可行性和实用性。

第九节 基于实物"ID"的智能工作票应用

传统现场作业是供电企业面临的最大风险，如今外来施工单位人员在现场施工人员中占比不断攀升，现场安全管控成为影响作业安全的重要因素。同时现场作业仍采用纸质化办公形式，确认工作负责人、设备范围依靠人员责任心，难以杜绝误入间隔、工作人员挂靠等问题，有较大风险隐患且效率不高。设备在采购建设、验收投运和设备转资环节信息无法关联、数据不能横向贯通，无法实现全寿命周期管理信息的线上追溯（向上关联规划计划、物资采购信息，向下关联运维维护、退役处置等全寿命周期信息），基于设备历史信息的模型分析缺少有力的数据支撑，工作许可前无法查看设备历史缺陷、试验记录。

出于安全管理及工作效率提升需要，以实物"ID"为纽带，结合"云大物移"等技术开发智能工作票应用，实现工作票电子化，利用人脸识别技术识别作业人员、安全人员，杜绝人员资质挂靠现象，通过扫描实物"ID"标签，确认工作范围，杜绝间隔误入，提升作业安全。通过实物"ID"关联获取设备全寿命周期管理信息，提升现场作业效率。

一、系统功能

变电站工作票应用业务流程：由工作负责人在 PMS 编制工作票，工作票签发人签发后进入待接票状态，此时工作票自动同步至移动端，运维人员在移动端完成工作票审核后，开展工作许可，移动端工作票执行、终结、归档信息实时与 PMS 同步，见图 5-107。

基于实物"ID"的变电工作票高级应用包括工作票许可、工作票终结、工作票查询、设备查询。其业务架构如图 5-108 所示。

移动端票面格式与纸质票一致，方便运维人员快速上手。移动端工作票票面格式与纸质票保持一致，符合运维人员传统习惯，减少学习、适应时间，便于快速上手。布局适用于移动终端展示，保持美观、易操作。票面格式见图 5-109。

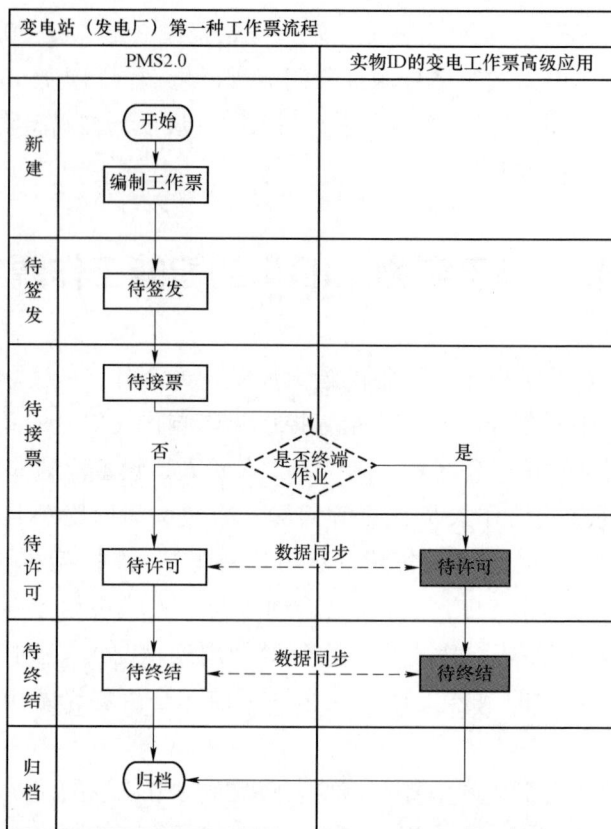

图 5-107 变电第一种工作票流程示意

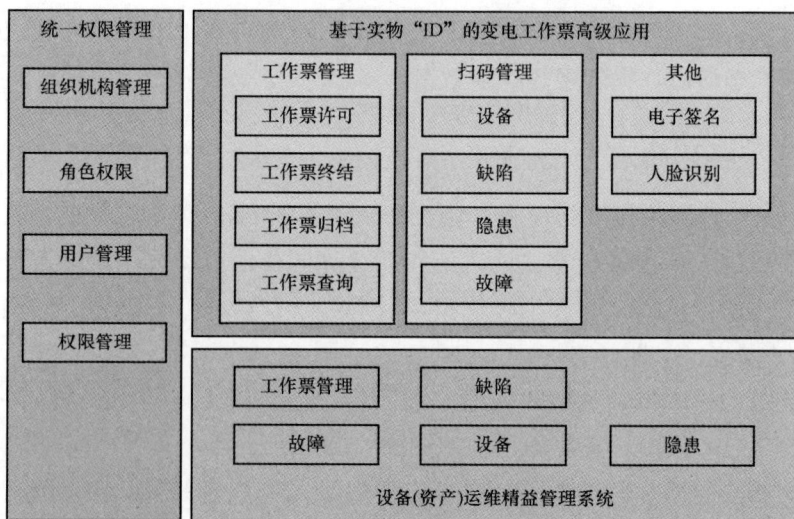

图 5-108 基于实物"ID"的工作票应用架构

图 5-109　变电第一种工作票模板

1. 扫码确认工作地点，有效防止误入间隔

班组人员在工作票布置环节，通过扫描设备上的实物"ID"，对比现场设备与检修计划任务单中涉及的设备是否匹配，确认工作地点，同时在移动终端记录工作票开展的地点、轨迹，有效防控误入间隔，见图 5-110。

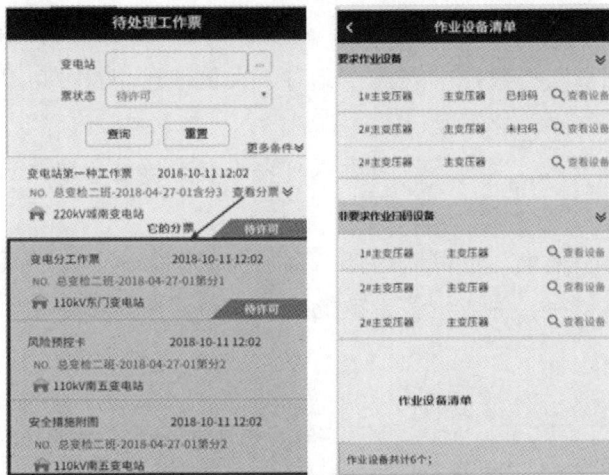

图 5-110　移动端作业界面示意

2. 设备全寿命周期信息展示，方便工作人员掌握设备履历

班组人员在工作票布置环节，通过扫描设备实物"ID"，能查看设备台账、工程概览、缺陷、隐患、故障、巡视、检测信息。一是方便运维人员在许可工作时一并交代设备缺陷。二是便于工作人员查看设备历史修试、试验记录。

3. 强制票面信息逻辑校验，确保工作票执行符合管理规定

对工作票工作内容、安全措施、开展校验，其校验规则如下：

（1）总、分工作票控制：第一种工作票所列工作地点超过两个，或有两个及以上不同的工作单位（班组）在一起工作时，采用总工作票和分工作票。分工作票应在总工作票许可后才可以许可；总工作票应在所有分工作票终结后才可以终结。

（2）工作票有效期与延期管理：工作票的有效时间，以批准的检修期限为准。需要办理延期手续，应在工期尚未结束以前由工作负责人向运维负责人提出申请（属于调控中心管辖、许可的检修设备，还应通过值班调控人员批准），由运维负责人通知工作许可人给予办理。工作票只能延期一次。

（3）工作票工作内容、安全措施、技术措施逐项交代打钩确认方可履行签字确认手续，防控工作交代漏项、跳项。

（4）工作终结前强制校验票面安全措施栏接地线已拆除，接地开关已拉开。

4. 搭建"三种人"信息数据库，加强"三种人"管理

建立"三种人"信息库，包含人员照片，所属单位，身份证，资质类别，人员黑名单，违章记录，工作履历信息。一是为人脸识别提供"三种人"人脸基础特征。二是人脸识别后自动出现人员信息，方便运维人员判断是否具备相应资质。

5. 工作负责人安全识别，防控工作负责人"挂靠"、未备案的安全隐患

通过移动终端上的人脸识别功能，采集工作负责人的人脸信息，将现场工作负责人与"三种人"数据库人员作比对，人员信息相符方可开展工作。人员信息包括：施工单位、身份证、资质类别，人员黑名单，违章记录信息。

6. 工作票签发人、许可人、负责人可以在移动端进行照片采集，用于人脸识别

可以通过拍照采集，也可以选择已有照片进行上传。人脸采集后，数据存入"三种人"数据库，生成一条带审批数据，由管理人员在网页端完成数据审核，见图 5-111。

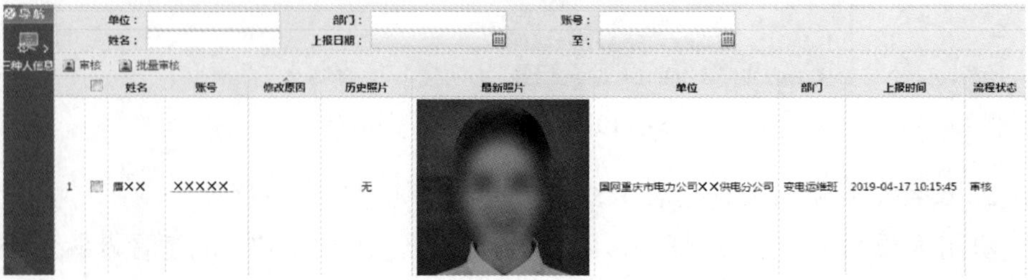

图 5-111　工作人员人脸信息

7. 采用人脸识别、电子签名双重验证，防控工作票代签字

工作票许可、变更、终结等需要工作票许可人、负责人、签发人履行确认手续的流程，均采用人脸识别+电子签名双重验证，确保工作人员与签名人员一致，落实安全责任，避免代签引起安全事故纠纷。

8. 工作许可全程录音，防控工作交代不明确

通过对历史工作票内容进行大数据分析建立工作票许可关键字段提取模型，在运维人员许可工作时，利用语音识别技术识别工作交代内容，并于工作票关键字段自动比对，防控工作内容、危险点、安全措施交代不明确。

二、应用成效

1. 实现现场安全管控能力提升

通过变电工作票智能化管理，实现了变电工作移动办公，记录了工作人员轨迹、工作设备范围，有效防止误入间隔。一是在工作票布置环节利用扫描设备实物"ID"确认工作地点、设备范围，防止工作许可不到位、工作人员误入间隔。二是工作票人脸识别，利用人脸识别技术将现场工作负责人与安监数据库人员作比对，人员信息相符方可开展工作，有效防控工作负责人"挂靠"的安全隐患。

2. 实现设备全寿命周期信息贯通

利用实物"ID"实现设备全寿命周期信息贯通，工作期间通过扫码，方便作业人员快捷查询设备历史缺陷、试验记录。

3. 实现变电工作票智能化管理，工作效率提升

运用移动互联网技术，实现工作票许可、变更、终结等状态与PC端实时同步，极大提高工作效率。今年以来共计许可变电一、二种工作票1100余张，累计节约工作票归档时间90h，工作票归档及时率100%，有效减轻一线员工工作负担。

4. 实现现场工作设备、工作时间收集，为单体设备成本归集、人员承载力分析提供支撑

以14+2类设备为试点开展单体设备成本归集研究，梳理设备从规划计划、采购建设到退役处置全寿命周期成本，融合作业人员运行轨迹、作业时长、人员能力等影响因素，做到成本精确归集，为后续投入产出分析、供应商绩效评价等提供支撑。

通过实物"ID"扫码记录、收集作业人员在运维、检修工作（例如变电倒

闸、设备巡视、日常维护、设备检修、技改大修等工作）中的作业时长等信息，结合绩效评价，开展有效时间、人员能力和承载力等分析，拓展人物互联、人人互联的人力资源数据新生态，将员工与组织、设备和任务等有机连接，实现一线用工动态配置精益化、班组绩效考核精准化。

附 录 A 标 签 安 装 示 例

站内交流设备见表 A1，站内生产辅助设备/设施见表 A2，站内换流设备见表 A3，输电设备见表 A4，配电设备见表 A5。

表 A1   站 内 交 流 设 备

（1）主变压器 标签规格：B 型或 C 型 安装方式：背胶粘贴 标签位置：主变压器本体铭牌周围	
（2）断路器（三相联动式操作机构） 标签规格：B 型或 C 型 安装方式：背胶粘贴 标签位置：断路器机构箱运行标示牌周围	

（3）断路器（分相式操作机构）
标签规格：B 型或 C 型
安装方式：背胶粘贴
标签位置：断路器中间相机构箱运行标示牌周围

标签位置

（4）组合电器
标签规格：B 型或 C 型
安装方式：背胶粘贴
标签位置：汇控柜门运行标示牌周围

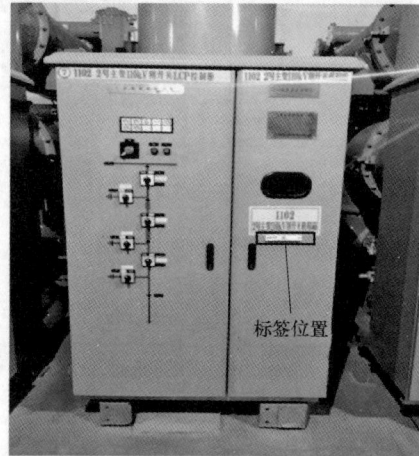

标签位置

（5）隔离开关（电动式操动机构）
标签规格：B 型或 C 型
安装方式：背胶粘贴
标签位置：隔离开关机构箱运行标示牌周围

标签位置

续表

（6）隔离开关（手动式操动机构） 标签规格：B 型或 C 型 安装方式：金属支架固定 标签位置：运行标示牌周围的水泥或钢管支柱上	
（7）隔离开关/负荷开关（带网门） 标签规格：B 型或 C 型 安装方式：背胶粘贴 标签位置：网门/柜体上刀闸操作把手运行标示牌周围	
（8）电流互感器（单支柱安装方式） 标签规格：B 型或 C 型 安装方式：金属支架固定 标签位置：各相运行标示牌下方（或上方）正中位置	

（9）电流互感器（双支柱安装方式）

标签规格：B 型或 C 型

安装方式：金属支架固定

安装位置：集中安装在右侧设备支架上，从左至右依次安装 A、B、C 相设备 RFID 标签，安装高度约 1.6m

标签位置

（10）电压互感器（单支柱安装方式）

标签规格：B 型或 C 型

安装方式：金属支架固定

标签位置：各相运行标示牌下方，不会被二次电缆不锈钢穿管遮挡的位置

1号主变
330kV侧A相YH

标签位置

（11）电压互感器（双支柱安装方式）

标签规格：B 型或 C 型

安装方式：金属支架固定

安装位置：集中安装在右侧设备支架上，从左至右依次安装 A、B、C 相设备 RFID 标签，安装高度约 1.6m

标签位置

续表

（12）电抗器（油浸式）
标签规格：B 型或 C 型
安装方式：背胶粘贴
标签位置：油浸式电抗器本体铭牌周围

（13）干式电抗器（支架式安装方式）
标签规格：B 型或 C 型
安装方式：金属支架固定
标签位置：运行标示牌下方（或上方）正中位置

（14）干式电抗器（带网门）
标签规格：B 型或 C 型
安装方式：金属支架固定
标签位置：靠近网门或临近巡视通道的运行标示牌周围

（15）分散式电容器 标签规格：B 型或 C 型 安装方式：背胶粘贴 标签位置：靠近网门或临近巡视通道的运行标示牌周围	
（16）密集式电容器 标签规格：B 型或 C 型 安装方式：背胶粘贴 标签位置：运行标牌周围	
（17）耦合电容器 标签规格：B 型或 C 型 安装方式：金属支架固定 标签位置：各相运行标示牌下方（或上方）正中位置	

续表

（18）接地变压器（带网门） 标签规格：B 型或 C 型 安装方式：不锈钢扎带或金属支架固定 标签位置：网门上运行标示牌周围	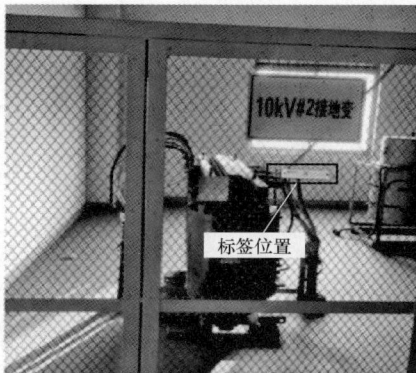
（19）接地变压器（全封闭式） 标签规格：B 型或 C 型 安装方式：背胶粘贴 标签位置：柜体上运行标示牌周围	
（20）站用变压器 标签规格：B 型或 C 型 安装方式：网门上使用金属支架固定，网门支撑架上或柜体上使用背胶粘贴 标签位置：网门或柜体上运行标示牌周围	

（21）开关柜 标签规格：B型 安装方式：背胶粘贴 标签位置：开关柜前标示牌周围	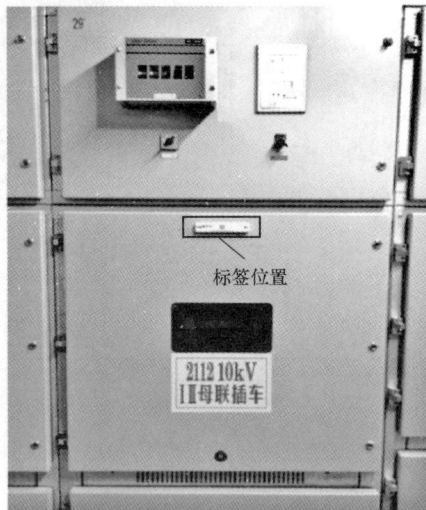
（22）避雷器 标签规格：B型或C型 安装方式：金属支架固定 标签位置：单相避雷器安装于各相运行标示牌下方（或上方）正中位置；三相位于同一架构上的避雷器，在计数器正下方从左至右依次安装A、B、C相设备RFID标签，安装高度约1.6m	
（23）消弧装置（主变压器中性点用） 标签规格：B型或C型 安装方式：背胶粘贴 标签位置：设备标示牌周围	

续表

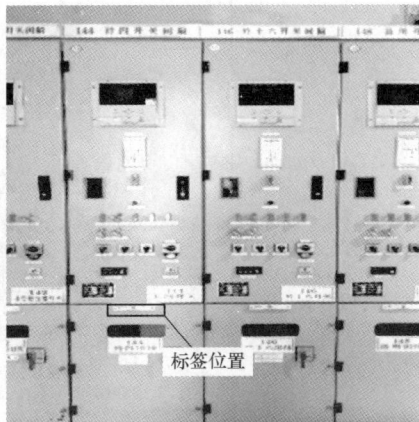

（24）充气柜
标签规格：C 型
安装方式：背胶粘贴
标签位置：柜体运行标示牌周围

标签位置

（25）高压熔断器
标签规格：B 型
安装方式：金属支架固定
标签位置：各相运行标示牌下方
（或上方）正中位置

标签位置

（26）串联补偿装置
标签规格：B 型
安装方式：网门上使用金属支架
固定，网门支撑架上或柜体上使用
背胶粘贴
标签位置：靠近网门或临近巡视
通道的运行标示牌周围

标签位置

（27）母线（户外式）

标签规格：B 型

安装方式：背胶粘贴

标签位置：运行标示牌表面下方正中位置，在无标识牌或标识牌不方便安装的情况，安装于距离标识牌最近的设备铭牌周围（视具体情况，可在母线两端的构架上，保持站内一致性）

（28）母线（户内式）

标签规格：B 型

安装方式：背胶粘贴

标签位置：运行标示牌下方正中位置

（29）避雷针（独立－柱式）

标签规格：B 型

安装方式：金属支架固定

标签位置：运行标示牌下方（或上方）正中位置

（30）避雷针（独立－支架式）
标签规格：B 型
安装方式：金属支架固定或背胶粘贴
标签位置：运行标示牌周围位置

（31）避雷针（构架式）
标签规格：B 型
安装方式：金属支架固定
标签位置：运行标示牌下方（或上方）正中位置

续表

（32）接地网（户外站）
标签规格：B 型
安装方式：金属支架固定
标签位置：主变压器或断路器等底部接地扁钢周围，或主控室沉降点附近

标签位置

（33）接地网（户内站）
标签规格：B 型
安装方式：螺栓固定
标签位置：一次设备厅进门处任一接地标识附近，或主控室沉降点附近

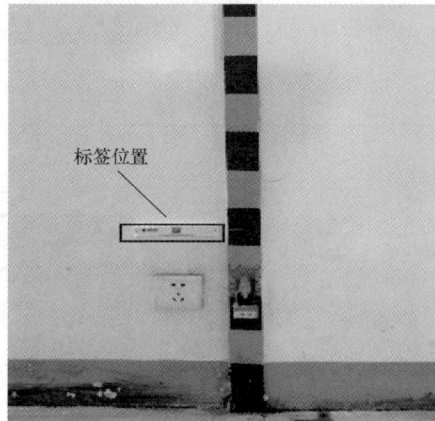

标签位置

（34）穿墙套管
标签规格：B 型
安装方式：背胶粘贴或螺栓固定
标签位置：运行标示牌下方正中位置，或设备正下方，安装高度约1.6m

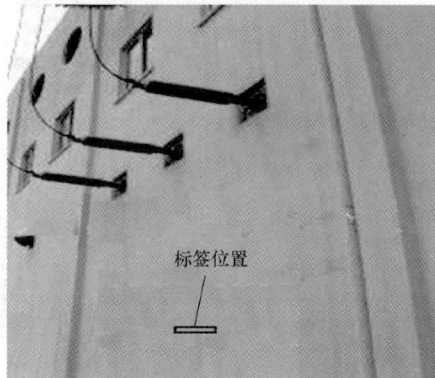

标签位置

续表

（35）接地电阻（主变压器中性点用）
　　标签规格：B 型
　　安装方式：背胶粘贴
　　标签位置：柜体运行标示牌周围

（36）接地电阻（全封闭式）
　标签规格：B 型
　安装方式：背胶粘贴
　标签位置：柜体运行标示牌周围

（37）接地电阻（带网门）
　标签规格：B 型
　安装方式：金属支架固定
　标签位置：柜体运行标示牌周围

（38）站内电缆（户内）

标签规格：B 型

安装方式：背胶粘贴

标签位置：安装在电缆终端头运行标识牌附近

标签位置

（39）站内电缆（户外）

标签规格：B 型

安装方式：金属支架固定或背胶粘贴

标签位置：安装在网门上，靠近电缆端

标签位置

（40）隔直装置

标签规格：B 型

安装方式：背胶粘贴

标签位置：安装在汇控柜门运行标示牌周围

标签位置

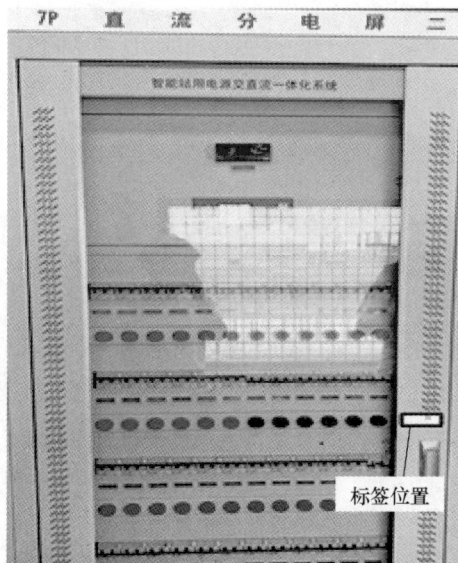

（41）直流电源系统

标签规格：C 型或 D 型

安装方式：背胶粘贴

标签位置：建议安装在柜门把手上方居中水平 5cm 处（可根据现场实际情况考虑安装方式）

标签位置

（42）交流电源系统（站用电系统）
标签规格：C 型或 D 型
安装方式：背胶粘贴
标签位置：安装在柜门把手上方居中水平 5cm 处（可根据现场实际情况考虑安装方式）

（43）交直流一体化电源系统
标签规格：C 型或 D 型
安装方式：背胶粘贴
标签位置：安装在柜门把手上方居中水平 5cm 处（可根据现场实际情况考虑安装方式）

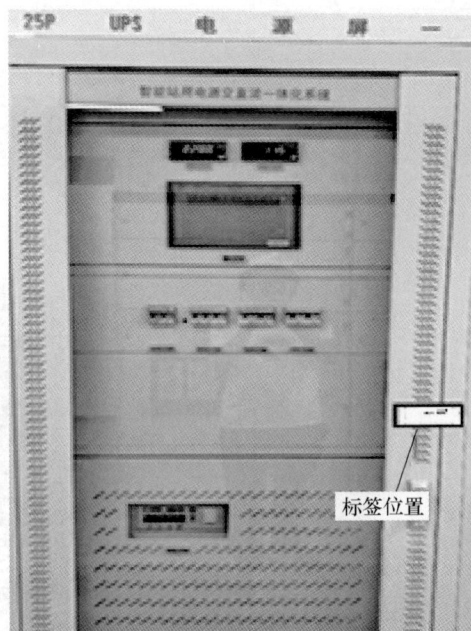

续表

<table>
<tr>
<td>

（44）阻波器
标签规格：B 型
安装方式：金属支架固定
标签位置：距离设备最近的杆塔上纵向安装，安装高度约 1.6m

</td>
<td>

标签位置

</td>
</tr>
<tr>
<td>

（45）结合滤波器
标签规格：B 型
安装方式：背胶粘贴或不锈钢扎带固定或金属支架固定
标签位置：运行标识牌周围

</td>
<td>

当心触电
标签位置
·1134
庄高线B相结合滤波器

</td>
</tr>
<tr>
<td>

（46）静态无功补偿器（SVC）
标签规格：B 型
安装方式：金属支架或背胶粘贴
标签位置：装置围栏的居中位置

</td>
<td>

标签位置

</td>
</tr>
</table>

（47）静止无功发生器（SVG） 标签规格：B 型 安装方式：背胶粘贴 标签位置：主屏操作台周围	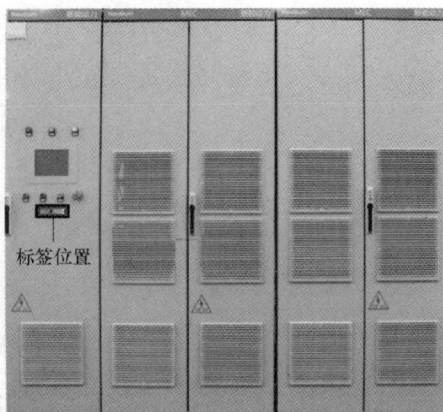
（48）滤波电容器 标签规格：B 型 安装方式：背胶粘贴 标签位置：设备运行标示牌周围	
（49）TBS 阀组 标签规格：B 型 安装方式：背胶粘贴 标签位置：阀厅大门外标示牌周围	
（50）启动电阻 标签规格：B 型 安装方式：背胶粘贴 标签位置：设备运行标示牌周围	

表 A2	站内生产辅助设备/设施
（1）消防系统（火灾自动报警系统） 　　标签规格：C 型或 D 型 　　安装方式：背胶粘贴 　　标签位置：柜门把手上方居中水平 5cm 处（可根据现场实际情况考虑安装在铭牌周围）	
（2）消防系统（消防给水及消火栓系统） 　　标签规格：C 型或 D 型 　　安装方式：背胶粘贴 　　标签位置：设备标识牌周围	

标签位置

（3）消防系统［油浸式变压器（换流变压器、电抗器）固定灭火系统］

1）排油注氮灭火系统

标签规格：B 型

安装方式：背胶粘贴

标签位置：主变压器旁控制柜运行标示牌周围

2）泡沫喷雾灭火系统

标签规格：B 型

安装方式：背胶粘贴

标签位置：装置铭牌周围

3）水喷淋式灭火装置

标签规格：B 型

安装方式：背胶粘贴

标签位置：控制柜运行标示牌周围

4）消防系统（移动式灭火器材）

5）消防系统（电缆沟道防火设施）

如有，按实际情况开展

标签位置

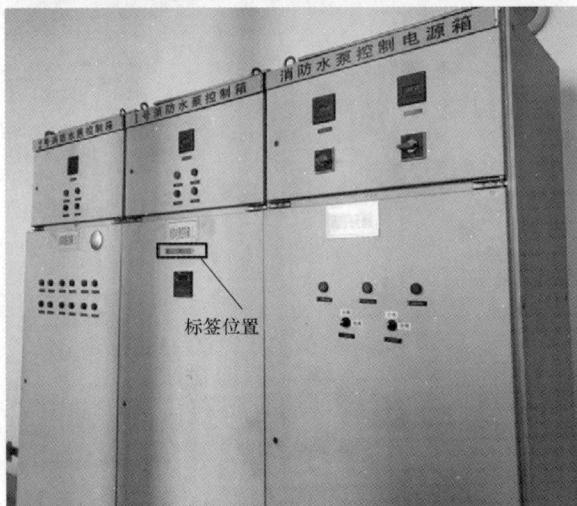

标签位置

续表

（4）视频监控系统（视频监控系统柜） 标签规格：C 型或 D 型 安装方式：背胶粘贴 标签位置：柜门把手上方居中水平 5cm 处（可根据现场实际情况考虑安装在铭牌周围）	
（5）视频监控系统（视频监控系统摄像机） 标签规格：B 型、C 型或 D 型 安装方式：背胶粘贴 标签位置：设备主体正面，便于巡视侧（可根据现场实际情况考虑安装方式）	
（6）辅助设施集成控制系统 标签规格：C 型或 D 型 安装方式：背胶粘贴 标签位置：柜门把手上方居中水平 5cm 处（可根据现场实际情况考虑安装在铭牌周围）	

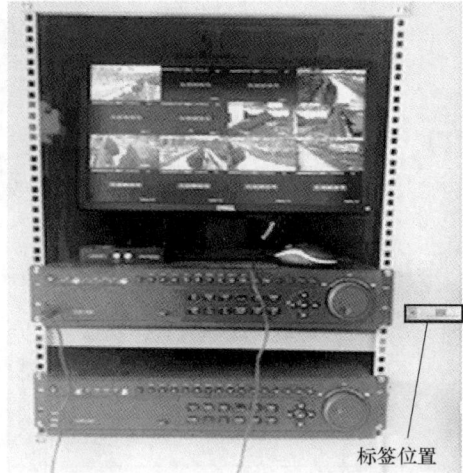

（7）防盗报警装置
标签规格：C 型或 D 型
安装方式：背胶粘贴
标签位置：柜门把手上方居中水平 5cm 处（可根据现场实际情况考虑安装在铭牌周围）

标签位置

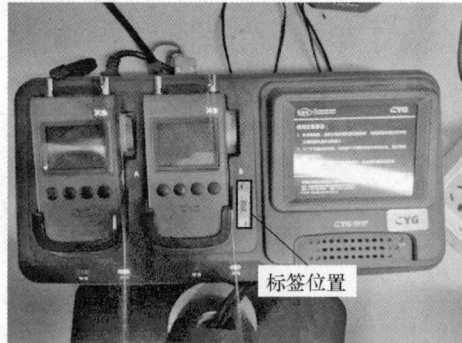

（8）防误闭锁装置（微机防误装置）
标签规格：D 型
安装方式：背胶粘贴
标签位置：设备后面偏右居中位置

标签位置

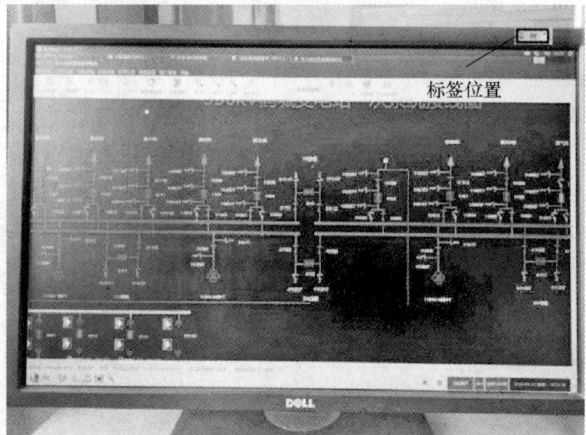

（9）防误闭锁装置（逻辑防误装置）
标签规格：D 型
安装方式：背胶粘贴
标签位置：主控室后台电脑屏幕周围

标签位置

续表

（10）防误闭锁装置（解锁钥匙控制箱） 标签规格：D 型 安装方式：背胶粘贴 标签位置：钥匙箱柜体周围	 标签位置
（11）安全警卫系统 标签规格：C 型或 D 型 安装方式：背胶粘贴 标签位置：装置本体下方（可根据现场实际情况考虑安装方式）	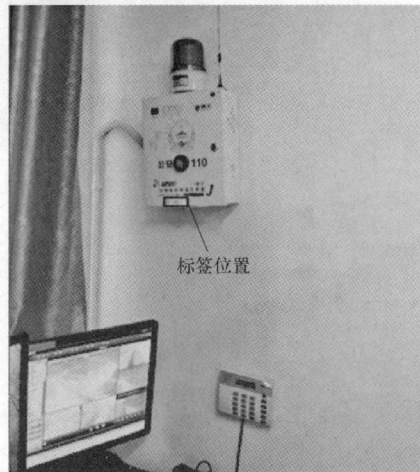 标签位置
（12）排水系统 标签规格：B 型或 C 型 安装方式：背胶粘贴 标签位置：柜门下方居中位置（可根据现场实际情况考虑安装方式）	 生活水泵控制箱 标签位置

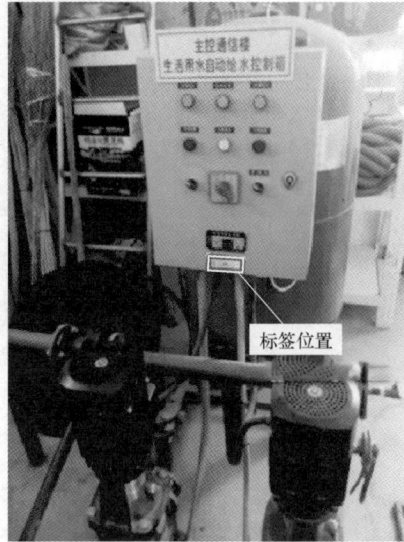

标签位置

（13）工业水、生活水系统
标签规格：C 型或 D 型
安装方式：背胶粘贴
标签位置：柜门下方居中位置（可根据现场实际情况考虑安装方式）

标签位置

续表

标签规格：C 型或 D 型
安装方式：背胶粘贴
标签位置：柜门下方居中位置（可根据现场实际情况考虑安装方式）

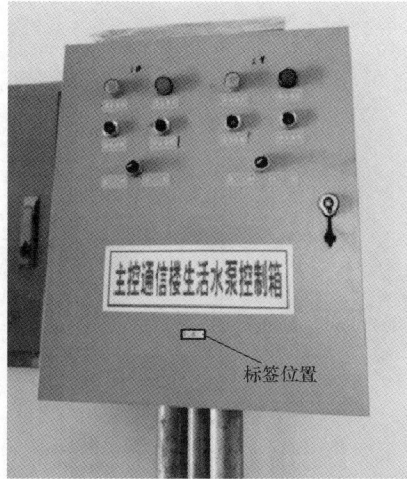

标签位置

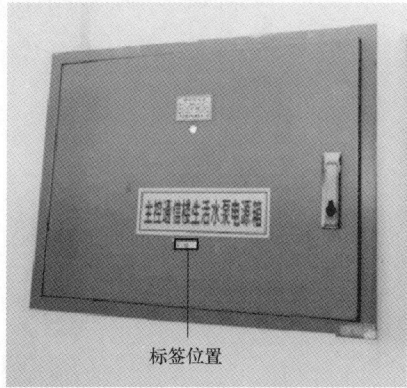

标签位置

（14）工业电视及广播系统
标签规格：C 型或 D 型
安装方式：背胶粘贴
标签位置：主屏外侧门把手位置（可根据现场实际情况考虑安装在铭牌周围）

标签位置

173

（15）空调装置
　标签规格：C 型或 D 型
　安装方式：背胶粘贴
　标签位置：空调能效标识周围（可根据现场实际情况考虑安装方式）

（16）照明系统
　标签规格：B 型或 C 型
　安装方式：背胶粘贴
　标签位置：设备标识牌周围（可根据现场实际情况考虑安装方式）

续表

（17）站内环网柜
标签规格：B 型
安装方式：背胶粘贴
标签位置：设备运行标示牌周围

（18）房屋土建设施（主控楼）
标签规格：B 型
安装方式：背胶粘贴
标签位置：楼体标识牌周围（可根据现场实际情况考虑安装方式）

（19）房屋土建设施（调度楼）
标签规格：B 型
安装方式：背胶粘贴
标签位置：楼体标识牌周围（可根据现场实际情况考虑安装方式）

（20）房屋土建设施（检修楼） 标签规格：B 型 安装方式：背胶粘贴 标签位置：楼体标识牌周围（可根据现场实际情况考虑安装方式）	
（21）房屋土建设施（办公楼） 标签规格：B 型 安装方式：背胶粘贴 标签位置：楼体标识牌周围（可根据现场实际情况考虑安装方式）	
（22）房屋土建设施（变电室） 标签规格：B 型或 C 型 安装方式：背胶粘贴 标签位置：标识牌周围（可根据现场实际情况考虑安装方式）	

续表

（23）房屋土建设施（配电装控室）
　　标签规格：B 型或 C 型
　　安装方式：背胶粘贴
　　标签位置：标识牌周围（可根据
现场实际情况考虑安装方式）

（24）房屋土建设施（母线室）
　　标签规格：B 型或 C 型
　　安装方式：背胶粘贴
　　标签位置：标识牌周围（可根据
现场实际情况考虑安装方式）

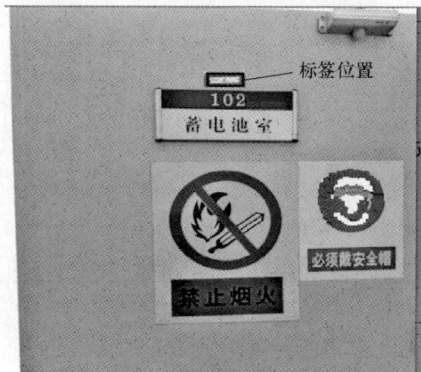

（25）房屋土建设施（蓄电池室）
　　标签规格：B 型或 C 型
　　安装方式：背胶粘贴
　　标签位置：标识牌周围（可根据
现场实际情况考虑安装方式）

（26）房屋土建设施（通风机房）
标签规格：B 型或 C 型
安装方式：背胶粘贴
标签位置：标识牌周围（可根据现场实际情况考虑安装方式）

（27）房屋土建设施（变压器检修间）
标签规格：B 型或 C 型
安装方式：背胶粘贴
标签位置：标识牌周围（可根据现场实际情况考虑安装方式）

（28）房屋土建设施（继电保护室）
标签规格：B 型或 C 型
安装方式：背胶粘贴
标签位置：标识牌周围（可根据现场实际情况考虑安装方式）

续表

（29）房屋土建设施（电能表室）
　　标签规格：B 型或 C 型
　　安装方式：背胶粘贴
　　标签位置：标识牌周围（可根据现场实际情况考虑安装方式）

（30）房屋土建设施（配电所）
　　标签规格：B 型或 C 型
　　安装方式：背胶粘贴
　　标签位置：标识牌周围（可根据现场实际情况考虑安装方式）

（31）房屋土建设施（消防室）
　　标签规格：B 型或 C 型
　　安装方式：背胶粘贴
　　标签位置：标识牌周围（可根据现场实际情况考虑安装方式）

（32）房屋土建设施（水泵室）
标签规格：B 型或 C 型
安装方式：背胶粘贴
标签位置：标识牌周围（可根据现场实际情况考虑安装方式）

（33）房屋土建设施（门卫室）
标签规格：B 型或 C 型
安装方式：背胶粘贴
标签位置：标识牌周围（可根据现场实际情况考虑安装方式）

（34）房屋土建设施（场地）
标签规格：B 型
安装方式：背胶粘贴
标签位置：标识牌处围墙的场地内侧周围（可根据现场实际情况考虑安装方式）

续表

（35）房屋土建设施（围墙） 标签规格：B 型 安装方式：背胶粘贴或螺钉固定 标签位置：站内标识牌周围或站内大门内侧墙体（可根据现场实际情况考虑安装方式）	 标签位置
表 A3	站 内 换 流 设 备
（1）换流变压器 标签规格：B 型或 C 型 安装方式：背胶粘贴 标签位置：设备铭牌周围	 标签位置　标签位置
（2）油浸式平波电抗器 标签规格：B 型或 C 型 安装方式：背胶粘贴 标签位置：设备铭牌周围	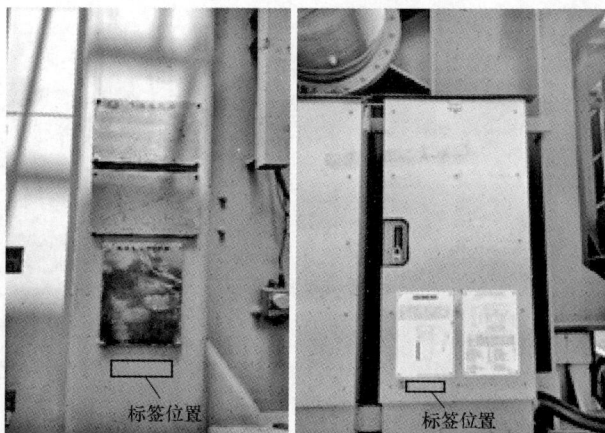 标签位置　　　　标签位置 铭牌位于本体　　　铭牌位于控制柜

（3）极母线平波电抗器（带围栏） 标签规格：B 型或 C 型 安装方式：金属支架固定 标签位置：运行标示牌下方正中位置	
（4）中性线平波电抗器（不带围栏） 标签规格：C 型或 D 型 安装方式：金属支架固定 标签位置：标示牌周围且靠近巡视走道侧的支柱上	
（5）晶闸管换流阀（含阀塔并联避雷器） 标签规格：A 型或 B 型或 C 型 安装方式：每个阀塔及并联的避雷器生成一个实物"ID"，安装一个标签，采用金属支架固定 标签位置：阀厅巡视走道正对阀塔网格处，不能正对阀塔的可安装于巡视时能完整看到阀塔位置	

续表

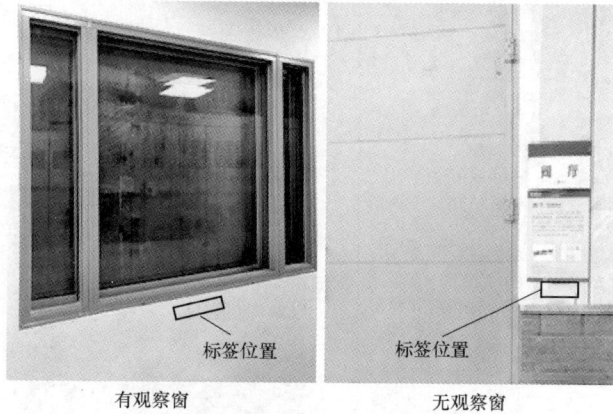

（6）IGBT 换流阀
标签规格：B 型或 C 型
安装方式：背胶粘贴
标签位置：有阀厅观察窗的安装在观察窗周围（若阀厅观察窗在直流控保间，需注意 RFID 码对控保装置的影响），没有阀厅观察窗的安装在阀厅大门外标示牌下方

有观察窗　　　　　　无观察窗

（7）阀内水冷系统
标签规格：B 型或 C 型
安装方式：背胶粘贴
标签位置：主泵安全开关标示牌下方正中位置

极Ⅱ低端#2主泵
就地安全开关QSP02

标签位置

（8）阀外水冷系统
标签规格：B 型或 C 型
安装方式：制作两张相同实物"ID"的标签，分别安装在室内部分和室外部分，采用背胶粘贴
标签位置：室内部分标签安装在阀外冷软水器运行标示牌下方正中位置，室外部分标签安装在阀外冷却系统冷却塔运行标示牌下方正中位置

室内部分　　　　　　室外部分

（9）阀外风冷系统
标签规格：B 型或 C 型
安装方式：背胶粘贴或不锈钢扎带固定
标签位置：运行标示牌周围，如标示牌安装在角钢上，则采用横向粘贴方式安装标签，如标示牌安装在钢管立柱上，则采用扎带绑扎方式安装标签

（10）阀厅空调
标签规格：B 型或 C 型
安装方式：制作两张相同实物"ID"的标签，分别安装在室内部分和室外机，采用背胶粘贴
标签位置：室内、外部分标签安装在阀厅空调运行标示牌下方正中位置

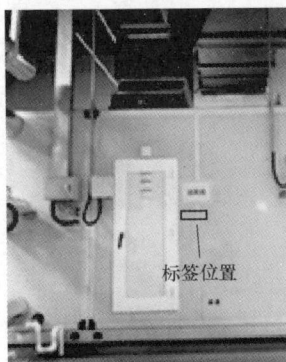

室内部分   室外机

（11）直流断路器
标签规格：B 型或 C 型
安装方式：背胶粘贴
标签位置：机构箱运行标示牌下方正中位置

续表

（12）IGBT 类型直流断路器 标签规格：C 型或 D 型 安装方式：金属支架固定 标签位置：网门上运行标示牌下方正中位置	 定岱2001线负极直流断路器 标签位置
（13）直流隔离开关 标签规格：B 型或 C 型 安装方式：背胶粘贴 标签位置：机构箱运行标示牌下方正中位置	 标签位置
（14）直流接地开关 标签规格：C 型或 D 型 安装方式：背胶粘贴 标签位置：机构箱运行标示牌下方正中位置	 标签位置

185

（15）阀厅接地开关

标签规格：C 型或 D 型

安装方式：三相接地开关合并仅生成一个实物"ID"，安装一个实物"ID"标签，采用背胶粘贴

标签位置：阀厅接地开关箱运行标示牌下方正中位置，对于有三相接地开关的安装在 B 相机构箱运行标示牌下方正中位置

（16）直流分压器

标签规格：B 型或 C 型

安装方式：背胶粘贴或不锈钢扎带固定

标签位置：支柱运行标示牌下方正中位置，阀厅内直流分压器标签安装在巡视时能够完整观察到分压器的位置

（17）光电流互感器

标签规格：B 型或 C 型

安装方式：金属支架固定

标签位置：运行标示牌下方正中位置，阀厅内光电流互感器的标签安装在巡视时能够完整观察到电流互感器的位置

续表

（18）零磁通电流互感器 标签规格：B 型或 C 型 安装方式：金属支架固定 标签位置：运行标示牌下方正中位置，阀厅内零磁通电流互感器的标签安装在巡视时能够完整观察到电流互感器的位置	 标签位置
（19）直流穿墙套管 标签规格：A 型或 B 型或 C 型 安装方式：背胶粘贴 标签位置：穿墙套管运行标示牌下方或穿墙套管接线箱运行标示牌下方	 极 I 低端阀厅 中性线穿墙套管 （=P1-U2-X2） 标签位置
（20）直流滤波器 标签规格：B 型或 C 型 安装方式：按照直流滤波器组合设备生成一个实物"ID"，安装一个实物"ID"标签，采用金属支架固定 标签位置：围栏网门上标示牌下方正中位置	 8020LB直流滤波器 （P2-Z） 标签位置

（21）交流滤波器

标签规格：B 型或 C 型

安装方式：按照交流滤波器组合设备生成一个实物"ID"，安装一个实物"ID"标签，采用金属支架固定

标签位置：围栏网门上标示牌下方正中位置

（22）直流避雷器

标签规格：B 型或 C 型

安装方式：金属支架固定

标签位置：运行标示牌下方正中位置，阀厅避雷器正对避雷器的阀厅巡视通道网格处或可完整看到避雷器的网格处

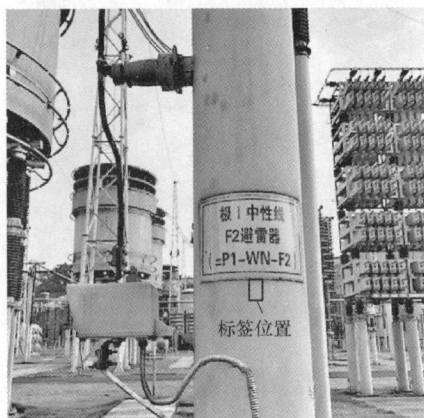

（23）直流电容器

标签规格：B 型或 C 型

安装方式：金属支架固定

标签位置：运行标示牌下方正中位置

续表

（24）直流电抗器 标签规格：B 型或 C 型 安装方式：金属支架固定 标签位置：运行标示牌下方正中位置	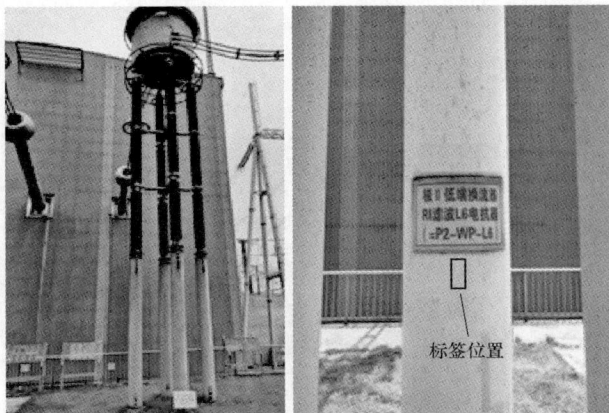
（25）直流调谐装置 标签规格：B 型或 C 型 安装方式：背胶粘贴 标签位置：运行标示牌下方正中位置	
（26）直流 PLC 调谐装置 标签规格：C 型或 D 型 安装方式：金属支架固定或背胶粘贴 标签位置：控制箱表面不遮挡文字信息的位置，如控制箱高度过高，则竖向绑扎在运行标示牌正下方的支撑物上	

（27）换流变压器进线 PLC 电抗器

    标签规格：B 型或 C 型

    安装方式：金属支架固定

    标签位置：运行标示牌下方正中位置

标签位置

（28）换流变压器进线 PLC 电容器

    标签规格：B 型或 C 型

    安装方式：金属支架固定

    标签位置：运行标示牌下方正中位置

标签位置

（29）接地极

    标签规格：B 型或 C 型

    安装方式：按照接地极组合设备生成一个实物"ID"，安装一个实物"ID"标签，采用金属支架固定

    标签位置：接地极围栏内电容器或电抗器运行标示牌下方正中位置

标签位置　　标签位置

续表

（30）调相机本体 　标签规格：C 型或 D 型 　安装方式：背胶粘贴 　标签位置：调相机出线端进水支座侧集电环罩壳上合适位置	
（31）调相机电压互感器 　标签规格：C 型或 D 型 　安装方式：背胶粘贴 　标签位置：运行标示牌下方正中位置	
（32）调相机避雷器 　标签规格：C 型或 D 型 　安装方式：背胶粘贴 　标签位置：运行标示牌下方正中位置	
（33）调相机中性点接地变压器 　标签规格：C 型或 D 型 　安装方式：背胶粘贴 　标签位置：运行标示牌两侧正中合适位置	

（34）调相机中性点接地开关 标签规格：C 型或 D 型 安装方式：背胶粘贴 标签位置：运行标示牌上方（或两侧）正中位置	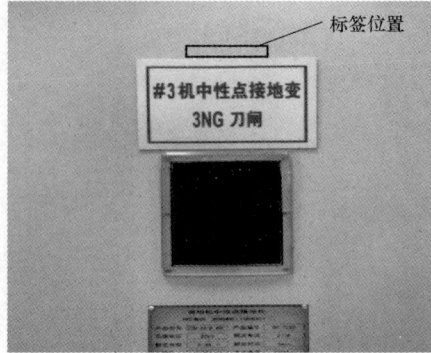
（35）调相机 SFC 机端隔离开关 标签规格：C 型或 D 型 安装方式：背胶粘贴 标签位置：运行标示牌下方（或两侧）正中位置	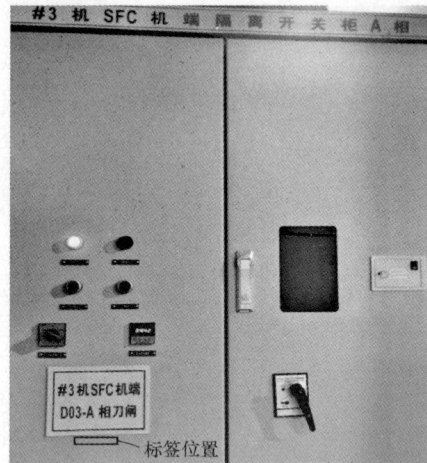
（36）调相机励磁变压器 标签规格：C 型或 D 型 安装方式：背胶粘贴 标签位置：运行标示牌上方正中位置（或两侧）	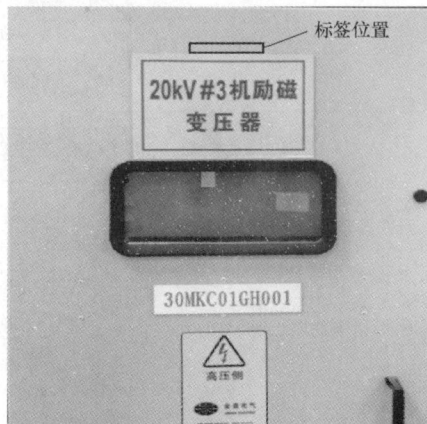

续表

（37）调相机升压变压器 标签规格：C 型或 D 型 安装方式：背胶粘贴 标签位置：铭牌上方（或两侧）正中合适位置	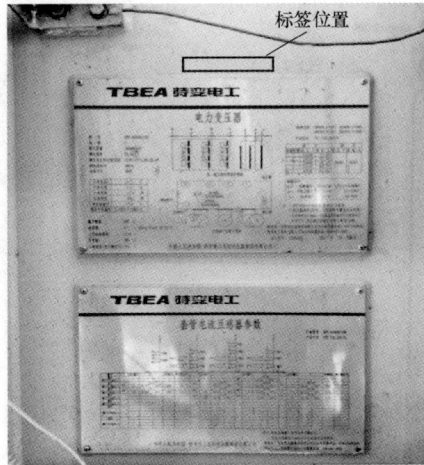
（38）调相机进线断路器 标签规格：C 型或 D 型 安装方式：背胶粘贴 标签位置：断路器汇控柜运行标示牌下方（或上方）正中位置	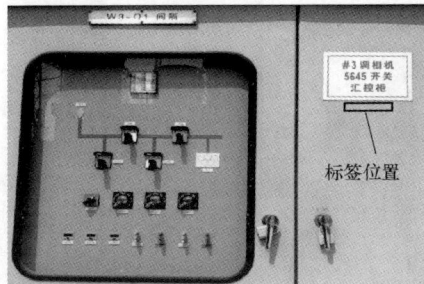
（39）调相机升压变压器避雷器 标签规格：C 型或 D 型 安装方式：金属支架固定 标签位置：运行标示牌下方正中位置	

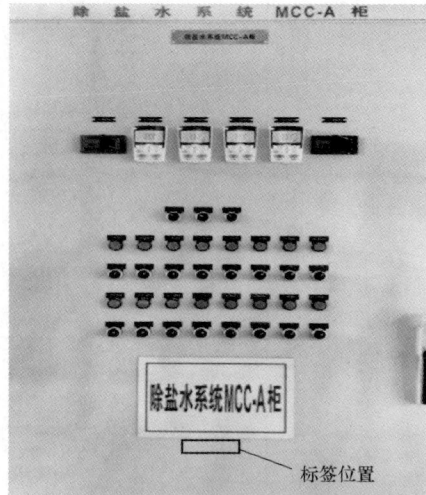

（40）调相机除盐水系统
标签规格：C 型或 D 型
安装方式：背胶粘贴
标签位置：除盐水系统仪表柜、配电柜运行标示牌下方正中合适位置

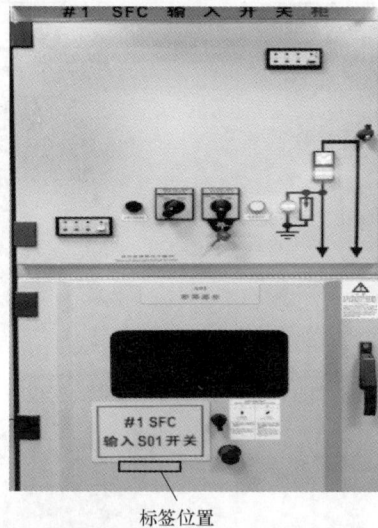

（41）调相机 SFC 系统
标签规格：C 型或 D 型
安装方式：背胶粘贴
标签位置：SFC 输入开关柜运行标示牌下方正中或其他合适位置

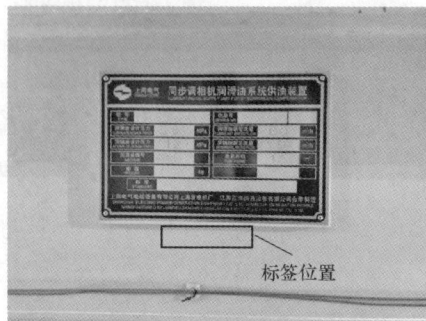

（42）调相机润滑油系统
标签规格：C 型或 D 型
安装方式：背胶粘贴
标签位置：润滑油集装铭牌下方正中位置

续表

（43）调相机定子冷却水系统 标签规格：C 型或 D 型 安装方式：背胶粘贴 标签位置：定子冷却水供水装置铭牌上方正中位置或运行标示牌下方合适位置	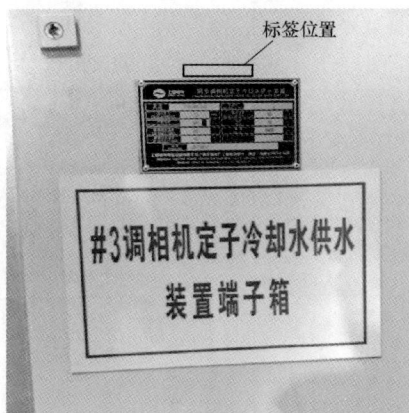
（44）调相机转子冷却水系统 标签规格：C 型或 D 型 安装方式：背胶粘贴 标签位置：转子冷却水供水装置铭牌上方正中位置或运行标示牌下方合适位置	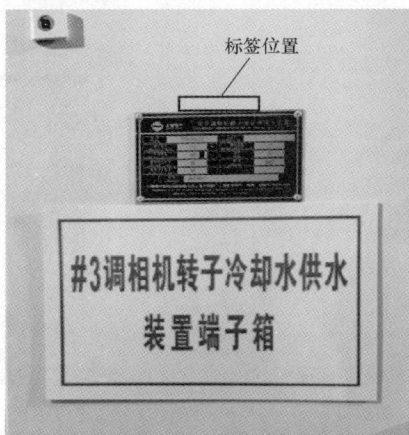
（45）调相机励磁系统 标签规格：C 型或 D 型 安装方式：背胶粘贴 标签位置：调相机启动励磁电源柜启动励磁变压器运行标示牌上方正中位置	

（46）调相机封闭母线 标签规格：C 型或 D 型 安装方式：背胶粘贴 标签位置：调相机离相封空气循环干燥装置操作面板下方正中位置	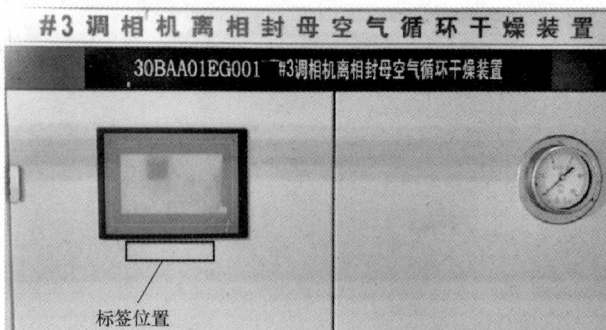
（47）直流转换开关 标签规格：B 型或 C 型 安装方式：背胶粘贴 标签位置：机构箱运行标示牌下方正中位置	
表 A4　　　　　　　　　　　输　电　设　备	
（1）架空线路 标签规格：H 型 安装方式：专用卡具固定 标签位置：线路起点和终点杆塔塔身，水泥杆、钢管杆距离地面约 3m 高位置或铁塔距离地面第一段水平横铁	

续表

（2）物理杆塔（铁塔） 标签规格：H 型 安装方式：专用卡具固定 标签位置：靠近巡视通道侧，距离地面约 3m 高横向辅材位置或铁塔距离地面第一段水平横铁	
（3）物理杆塔（水泥杆） 标签规格：H 型或 F 型 安装方式：专用卡具固定 标签位置：靠近巡视通道侧，距离地面约 3m 高位置	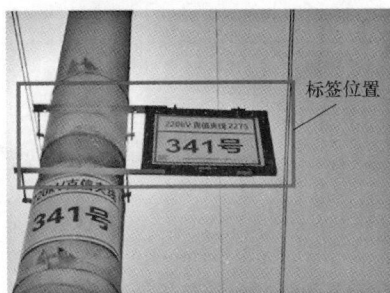
（4）物理杆塔（钢管杆） 标签规格：H 型或 F 型 安装方式：专用卡具固定 标签位置：靠近巡视通道侧，距离地面约 3m 高位置	

（5）电缆段

标签规格：C 型或 E 型

安装方式：扎带绑扎

标签位置：参考电缆段总长度，按照每 50m 一组（单芯电缆绑扎一个，三芯电缆 A、B、C 三相分别绑扎）标签，沟道内拐点、防火墙两侧各一个标签的原则

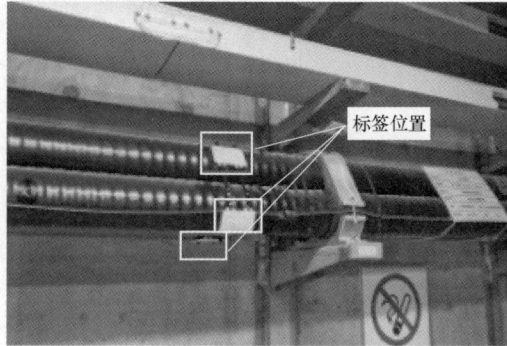

（6）电缆终端（柜内式）

标签规格：B 型或 C 型

安装方式：背胶粘贴

标签位置：电缆终端头运行标识牌附近（A、B、C 三相）

续表

（7）电缆终端（敞开式） 标签规格：B 型或 C 型 安装方式：扎带绑扎 标签位置：终端头正下方运行标识牌附近电缆本体（A、B、C 三相），距离地面约 3m 高位置	 标签位置
（8）电缆接头（无保护壳） 标签规格：C 型或 E 型 安装方式：扎带绑扎 标签位置：电缆接头一端的电缆本体上	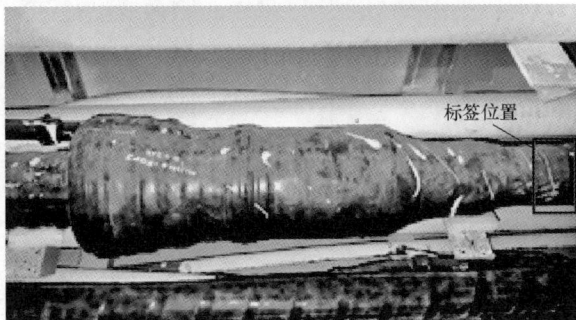 标签位置
（9）电缆接头（带保护壳） 标签规格：C 型或 E 型 安装方式：扎带绑扎 标签位置：电缆接头一端的电缆本体上	 标签位置

（10）电缆接地箱
标签规格：C 型
安装方式：背胶粘贴
标签位置：箱体表面铭牌周围

（11）电缆分支箱
标签规格：C 型
安装方式：背胶粘贴
标签位置：箱体运行标示牌周围，对于市政统一美化的电缆分支箱，标签安装在箱门内侧

（12）交叉互联箱
标签规格：C 型
安装方式：背胶粘贴
标签位置：箱体表面铭牌周围

续表

（13）线路避雷器 标签规格：A 型 安装方式：不锈钢扎带固定或背胶粘贴 标签位置：避雷器正下方杆塔塔身，距离地面约 3m 高位置	 标签位置

表 A5	配 电 设 备
（1）配电变压器（柱上变压器） 标签规格：B 型或 C 型 安装方式：金属支架固定或不锈钢扎带固定或背胶粘贴 标签位置：横向粘贴，本体底座散热片下方居中或本体底部外侧居中，优先粘贴于设备底部（考虑安全距离，有配电综合箱或 JP 柜的，贴在配电综合箱或 JP 柜上；无配电综合箱或 JP 柜的，建议使用不锈钢扎带安装在水泥杆上，离地 2.5～3m 处塔身）	标签位置  标签位置
（2）户内配电变压器 标签规格：B 型或 C 型 安装方式：背胶粘贴 标签位置：柜体运行标示牌周围	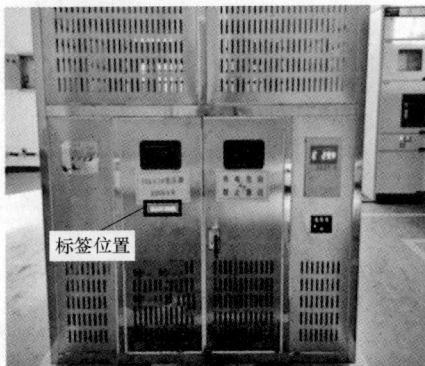 标签位置

（3）箱式变电站
　标签规格：B 型或 C 型
　安装方式：背胶粘贴
　标签位置：箱体运行标示牌
周围

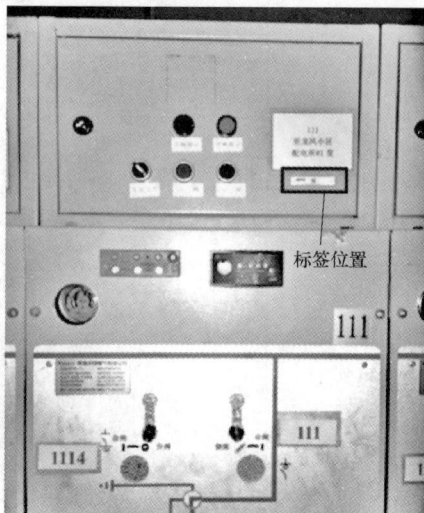

（4）户外环网柜
　标签规格：B 型或 C 型
　安装方式：背胶粘贴
　标签位置：柜体运行标示牌周
围，对于市政统一美化的环网
柜，标签安装在柜门内侧

（5）户内环网柜
　标签规格：C 型或 D 型
　安装方式：背胶粘贴
　标签位置：柜体运行标示牌
周围

续表

（6）柱上开关 标签规格：B 型 安装方式：金属支架固定或不锈钢扎带 标签位置：设备所安装的杆塔杆号牌下方或者上方，电杆离地2.5～3m 处塔身（根据现场情况统一位置及高度）	 标签位置
（7）电缆分支箱 标签规格：A 型或 B 型 安装方式：背胶粘贴 标签位置：箱体运行标示牌周围	 标签位置
（8）中压电杆 标签规格：G 型 安装方式：背胶粘贴或不锈钢扎带 标签位置：电杆离地 2.5～3m处塔身	 RFID标签位置 背胶安装示意 10kV 1013经河一线 #020 标签位置 扎带安装示意图

标签规格：B 型
安装方式：金属支架或不锈钢扎带固定
标签位置：电杆离地 2.5～3m 处塔身

188
马消线
毛村大队支
013

标签位置

扎带安装示意图

参 考 文 献

［1］ 帅军庆. 电力企业资产全寿命周期管理：理论、方法及应用. 北京：中国电力出版社，2010.

［2］ 李智威，孙利平，柯方超，等. 电网实物资产统一身份（实物 ID）建设数据溯源研究［J］. 电子世界，2018（21）：21－23.

［3］ 沈力. 电网资产创新管理：实物 ID 建设研究与应用［M］. 北京：中国电力出版社，2019.

［4］ 付东，高嵩，茹满辉，等. 实物 ID 在电网资产全寿命周期的应用实践［J］. 2019.

［5］ 姚振，张永梅，郭洋，等. 实物 ID 在电网企业 ERP 系统的应用分析［J］. 无线互联科技，2019，16（17）：2.

［6］ 徐松，姚燕妮，刘奕奕，等. 湖南电网实物 ID 建设及应用［J］. 湖南电力，2019，39（2）：65－68.

［7］ 程东生，俞雯静，丁霞，等. 基于实物 ID 的电网工程档案利用探索［J］. 中国档案，2020（10）：70－71.